費曼物理學訣竅

費曼物理學講義解題附錄

【增訂版】

The Feynman Lectures on Physics

A Problem-Solving Supplement to

The Feynman Lectures on Physics

Reflections · Advice · Insights · Practice

By Richard P. Feynman,

Michael A. Gottlieb, Ralph Leighton

師明睿、高涌泉 譯

高涌泉 審訂

The Feynman

費曼物理學訣竅

費曼物理學講義解題附錄【增訂版】

目錄

The Feynman

第 2 章 定律及直覺〔複習課第二講〕 97

第 3 章 問題與解答

〔複習課第三講〕 141

第 4 章 動力學效應及其應用177

Feynman

第5章 精選習題 231

再版序

新增三篇專訪

高利伯、雷頓

六年前（2006年）這本《費曼物理學訣竅》做爲《費曼物理學講義》的補充手冊出版以來，大家對於本書的興趣仍然未減；費曼講義網站（www.feynmanlectures.info）到訪人數不斷攀升，就足以證明。該網站的成立跟這本書的推出是同時的，已有數千讀者到訪。有的是指出《費曼物理學講義》中某處可能編排打字有誤，有的是對物理習題的內容表達看法或提出問題。

現在，Basic Books出版社很高興也很榮耀能再版《費曼物理學訣竅》，這是與《費曼物理學講義》相關的所有文字、錄音、照片著作權，首次集中統一出版（過去這些著作權分屬若干出版社）的一部分。爲了慶祝此難得大團圓，《費曼物理學講義》的新千禧年版本，首度以LaTex方式排版，若有疏漏可即刻快速訂正，而且《費曼物理學講義》的電子版也將很快推出。

此外，《費曼物理學訣竅》原先以精裝本印行，現在也推出（比精裝本便宜很多的）平裝本[1]，以饗廣大讀者，並且增加三篇關於《費曼物理學講義》的專訪，內容都頗有見地：

- 第一篇是於1966年與費曼的訪談，就在他完成此系列物理課程後不久。

- ◆第二篇是於1986年與羅伯·雷頓（Robert Leighton）訪談，回憶費曼講課、教書的獨特天賦，以及要把「費曼語」轉譯成英文的挑戰。
- ◆第三篇是於2009年與羅卻·沃革特（Rochus Vogt）訪談，回憶當初加州理工學院的物理教授，如何聯手講授《費曼物理學講義》這個課程。

對於《費曼物理學講義》及《費曼物理學訣竅》，有許多讀者來電郵或是在網路貼文，提出問題或建議，我們向你們表達誠摯的謝忱。大家的指教和支持使得這些書更加完美，讓未來世代的讀者更能珍惜品味這套書的精髓。也有讀者來信希望增加更多習題，但很抱歉，這次再版未及納入。不過，由於大家的鼓勵與敦促，我們已經著手編纂全新、內容更充實的《費曼物理學講義習題集》，即將出版，請拭目以待。

麥可·高利伯（Michael A. Gottleieb）

拉夫·雷頓（Ralph Leighton）

2012年11月

[1] 中文版注：為配合《費曼物理學講義》中文版14冊的開本及裝幀規格，《費曼物理學訣竅》中文版仍然採用軟皮精裝方式。

前　言

不朽的「紅皮書」

雷頓

1962年，偏遠的喜馬拉雅山區的中印未定邊界上發生了糾紛，鬧到雙方互相開火射擊，之後形成對峙，雙方一觸即發的緊張情勢持續了多年。有座孤零零設立在高坡頂上的印度軍隊前哨站，站內有一名被徵召入伍的士兵，叫做伯拉蘇不拉曼寧（Ramaswamy Balasubramanian），透過一具雙筒望遠鏡觀察對面駐守在西藏境內的人民解放軍的動靜，他看到對方也在用望遠鏡朝著這邊觀望。出乎伯拉蘇不拉曼寧跟他同袍們的意外，那些解放軍居然拿著紅色封面的袖珍版《毛語錄》，西方人多稱之為「毛澤東的小紅書」，高高舉在手中，面向著印度前哨站揮舞示威。

伯拉蘇不拉曼寧當時常趁著閒暇自修物理學，他很快的就對解放軍的嘲弄覺得很厭煩，於是有一天，他有備而來的到前哨站服勤，在解放軍循例拿起小紅書揮舞時，他跟另兩位袍澤馬上各自抓起一本他帶去的三大冊，同樣是大紅封面的《費曼物理學講義》，高舉過頭，向對方揮舞。

有一天，我收到當事人伯拉蘇不拉曼寧先生寄來的一封信。過去許多年裡面，我收到數百封類似的信件，都是描述費曼對人們的生命所產生的長遠衝擊。他在描述了於中印邊界所發生的「紅皮書」事件之後，寫道：「二十年之後，究竟是誰的紅皮書，仍然還有人在閱讀呢？」

他說得眞是一針見血。《費曼物理學講義》從發行以來，已經超過了四十寒暑，現在仍然有許多人在閱讀，並且繼續啓發全球各地的讀者，我相信甚至連西藏地區也不例外。

這兒我得特別記上一筆：數年前我在一個派對上遇到麥可．高利伯，當天派對主人利用電腦螢幕，展示了圖瓦[1]喉音歌手於現場表演所唱歌聲的諧泛音（harmonic overtone），這類活動讓舊金山附近的生活有趣了起來。高利伯原本是數學科班出身，並對物理學非常有興趣，於是我建議他閱讀《費曼物理學講義》。大約一年後，他特地騰出了六個月的時間，專心一志的把這套講義從頭到尾仔細的讀過一遍。正如高利伯所寫的本書〈初版序〉中所描述，他那一讀，最後促成了本書，跟《費曼物理學講義》新千禧年版的誕生。

所以我很高興現在全世界對於物理有興趣的人，可以研讀一套更正確、更完整的《費曼物理學講義》，而且還有本冊書做爲補充讀本。看來《費曼物理學講義》這套不朽巨著在未來數十年，仍將繼續教導與啓發學生，無論他們是在紐約曼哈坦鬧區或是在喜馬拉雅高山上。

拉夫．雷頓（Ralph Leighton）

2005 年 5 月 11 日

[1] 中文版注：圖瓦（Tuva）位於外蒙古西北方，在俄蒙之間，原屬中國版圖，舊時名稱為唐努烏梁海。

初版序

重建四堂費曼物理課

高利伯

我生平第一次聽到理查・費曼跟拉夫・雷頓的名字是在 1986 年，透過他們很具娛樂性的一本書《別鬧了，費曼先生！》。[1] 十三年後，我在一個派對上遇到拉夫，我們一見如故，成了好朋友。接下來的一年裡，我們合作設計了一種紀念費曼的夢想郵票。[2] 其間拉夫不斷給我一些費曼寫的或是有關費曼事蹟的書籍叫我去看，甚至包括了一本《費曼計算學講義》[3]（由於我是個電腦程式設計師）。書中對於量子計算的討論，讓我的眼界爲之大開，但是由於

[1] 中文版注：《別鬧了，費曼先生！》（*Surely You're Joking, Mr. Feynman!*），中文版由吳程遠翻譯，天下文化出版。

[2] 原注：我們設計的那個郵票在「回到圖瓦未來」（*Back TUVA Future*）那張音樂 CD 所附的說明上可以見到，CD 主要內容是圖瓦喉音歌唱大師歐達（Ondar）的表演，不過費曼在裡頭客串打鼓。該張 CD 在 1999 年由華納公司發行，Warner Bros. 9 47131-2。

[3] 原注：《費曼計算學講義》（*Feynman Lectures on Computation*），費曼著，海伊（Anthony J.G. Hey）與亞倫（Robin W. Allen）編輯，1996 年由艾迪生・維斯理（Addison-Wesley）出版，ISBN 0-201-48991-0。（中文版由蔡雅芝、郭西川翻譯，科大文化出版。）

我以往未學過量子力學，讀起來非常吃力，不太能瞭解其中論證的過程。

為此拉夫建議我去讀讀《費曼物理學講義》的第 III 卷，也就是量子力學的部分，我聽了他的話，卻發現該冊的頭兩章，來自第 I 卷的第 37 、 38 章，所以，我老得回頭去翻第 I 卷，尋找一些名詞的出處跟意義，而不能直接就將第 III 卷一章接著一章讀。於是我決定要從頭到尾把這整套書讀一遍，我決心要學一些量子力學！

但過了一陣子，原先想要學量子力學的目的卻成了次要的事，原因是我開始從頭閱讀後，很快就被費曼的世界所吸引，覺得根本用不著為了任何原因，學習物理的本身就趣味無窮，也就是說，我是完全給迷住啦！在差不多讀完第 I 卷的前半部時，我暫時擱下程式設計工作，跑到中美洲哥斯大黎加的鄉下去隱居了六個月，以便能把全部時間都花在讀這套講義上。

在閉門讀書的這段日子裡，我每天下午自修一堂新課，並把遇到的物理問題弄清楚，次日早晨，我把昨天的功課再拿出來複習、校對一遍。那時我人雖在國外，但一直以電子郵件跟拉夫保持聯繫。我告訴他，我發現第 I 卷偶爾也有一些錯誤，他鼓勵我把那些錯誤記錄下來。這件事不麻煩，因為第 I 卷的錯誤非常少。然而當我繼續閱讀第 II 、 III 卷時，我失望的發現，錯誤愈來愈多。最後，我從整套講義裡面一共整理出 170 多個錯誤。拉夫跟我都相當驚訝：怎麼可能有這麼多的錯誤，在過去這麼長的時間裡都被人忽略了？我們決定在下一次改版時，要設法把它們改正過來。

同時，我在費曼所寫的自序中，注意到一小段頗堪玩味的話：「至於書中沒有專門探討如何解題的演講，是因為課程中本來就有演習課，雖然我的確在第一年課程裡用了三堂課來講解如何解題，但它們沒有被收錄進書內。另外還有一堂課談到慣性導引，照理應該是放在旋轉系統那一講的後面，卻不幸被遺漏掉了。」

於是我就想，何不重建那四次演講的紀錄？如果內容有趣的話，可以提交加州理工學院跟艾迪生．維斯理出版社，讓他們發行一套更爲完整、而錯誤都已更正的新版本。

但是我必須先**找出**那幾回失蹤的演講，而我人還在哥斯大黎加！那幾次演講的筆記藏身於拉夫父親的辦公室或加州理工學院的檔案室裡某個地方，拉夫運用了一些推理邏輯跟偵查的本事，總算把那幾次演講的筆記找了出來。另外他還找到了那些演講的錄音帶。等我回到加州後，爲了查閱早年版本的勘誤表而到加州理工學院檔案室去，卻碰巧在一個裝著各種底片的盒子裡面，意外發現了（早以爲弄丟了的）這幾次演講課堂上黑板的相片。

費曼遺產的繼承人慷慨允許我們使用這些找到的資料，再加上當初《費曼物理學講義》的三位作者中，如今碩果僅存的山德士（Matthew Sands）惠予一些有用的耳提面命，於是拉夫跟我合作，把複習課三個講次中的第二講重新整理出來後當作樣本，把它和我的那份勘誤表一起呈送給加州理工學院跟艾迪生．維斯理出版社。

艾迪生．維斯理很興奮的接受了我們的想法，但是加州理工學院的最初反應有些疑慮。於是拉夫跑去請當時在加州理工學院擔任理論物理費曼講座教授的索恩（Kip Thorne）幫忙，終於索恩出面斡旋，取得了各有關方面的共識，索恩還很慷慨的自願花時間監督我們的工作。由於加州理工學院院方基於歷史因素的考量，不願意更動現存的那三卷講義，於是拉夫建議讓遺漏的四次演講單獨成冊，這就是本書的起源，本書將和一套全新的《費曼物理學講義》修訂版（即2010年的新千禧年版）一併出版，此修訂版會把我以及其他讀者所發現的錯誤都更正過來。

山德士回憶錄

在我們致力於重建那四堂演講的過程中，拉夫和我遇到了許多問題，我們覺得非常幸運有山德士教授來解答我們的問題。當年要出版《費曼物理學講義》這套書的大膽構想就是山德士首先提出來的。我們驚訝的發現，《費曼物理學講義》起源的故事還鮮爲人知。因而我們體認到這次安排出書，提供了一個難得的機會，對此遺憾可以略做一些彌補。山德士教授慨然應允爲我們這本附錄寫一篇有關《費曼物理學講義》由來的回憶錄。

四堂演講

我們從山德士得知：1961 年 12 月，費曼在加州理工學院所開的大一物理課已接近第一學期[4]的尾聲，參與課程設計的教授們決定，在期末考之前幾天，還要把新材料教給學生，實在對學生太不公平。所以在考前一週，費曼講了三堂複習課，學生可以自己選擇要不要出席，這三堂課不會提到任何新題材，這幾堂課的目的是要幫助班上學習上發生了困難的同學，所以重點在於瞭解跟解決物理問題的各種技巧。

費曼在課堂上所舉的範例中，有一些有重要的歷史意義，包括拉塞福（Ernest Rutherford）發現原子核，及測定 π 介子（pi meson）質量的故事。費曼並以他特有對人性的洞察力，討論了另一類問題的答案，這一種問題對他大一班上起碼一半的學生來說，和物理問

[4] 原注：加州理工學院每一學年度分為三個學期，第一學期是從九月下旬開始到十二月上旬，第二學期是從一月上旬到三月上旬，而第三學期則是從三月下旬到六月上旬。

題是一樣重要的：那就是當你發現自己的分數比全班平均低的時候，心情上應如何自處。

第四堂演講題目為〈動力學效應及其應用〉，是在寒假結束、學生剛回到學校之後講的，就是第二學期剛開始的時候。依照原先的安排，它應該是第 21 堂課，目的是要在第 18 到 20 堂課、一連三堂有關各種轉動的艱深理論探討之後，讓大家喘一口氣，上一堂「純屬娛樂」的課，讓學生看看一些來自轉動的有趣應用跟現象。該演講大半都在討論 1962 年時、尚屬相當新穎的科技：實用慣性導引。剩下的時間則是討論來自轉動的一些自然現象，而且這部分提供了一個線索可以告訴我們，為什麼費曼要說《費曼物理學講義》沒有收錄此一講次是件「很不幸」的事情。

演講之後

每堂課當費曼演講完畢之後，通常他都會讓麥克風開著。這個習慣提供給我們相當獨特的機會，去聆聽費曼如何跟大學部學生互動的實情。這本書裡舉了一個例子是〈動力學效應及其應用〉演講之後的錄音，這段錄音特別值得注意，原因是它討論了 1962 年的實時計算（real-time computing）在方法上從類比方法到數位方法的最初轉型。

習 題

在計畫進行之中，拉夫重新聯繫了他父親生前好友兼同事的沃革特（Rochus Vogt），沃革特很慈靄的給了我們他的許可，重行出版《普通物理學習題》（*Exercises in Introductory Physics*）中的習題與解答，這本書還是 1960 年代，由羅伯・雷頓（Robert Leighton）和沃革特特地為了《費曼物理學講義》而編著的。由於篇幅有限，我只選擇了第I卷第1章到第20章的習題（也就是〈動力學效應及其應用〉之前的課程素材），我偏好選擇——套用羅伯·雷頓的說法——「在數字或分析上都很單純，但在內涵上卻是深刻且有啓發性」的題目。

網站

如果讀者們希望知道更多有關本書跟《費曼物理學講義》的訊息，歡迎光臨 www.feynmanlectures.info 網站。

高利伯（Michael Gottlieb）
於哥斯大黎加的普拉雅塔瑪林度
mg@feynmanlectures.info

誌 謝

我們希望在此向所有讓此書得以出版的人士，表達由衷的謝意，特別是：

湯布里羅（Thomas Tombrello），他是加州理工學院之物理、數學及天文系的系主任，代表院方批准了這個計畫。以及費曼的繼承人，**卡爾・費曼**（Carl Feynman）和**米雪・費曼**（Michelle Feynman），允許我們在此書中發表他們父親的演講紀錄。

山德士（Matthew Sands），為了他的智慧、知識，以及建設性的批評跟建議。

哈竇（Michael Hartl），謝謝他一絲不茍的為我們校稿，以及在《費曼物理學講義》的勘誤工作上辛勤付出。

沃革特（Rochus E. Vogt），為了他當年為《普通物理學習題》一書精心設計的問題與答案，也謝謝他容許他的智慧結晶在本書中重現。

尼爾（John Neer），他曾經下很大的功夫，記錄了費曼在休斯飛機公司發表的一些演講，並把他做的筆記拿給我們參考。

塔克（Helen Tuck），跟隨費曼多年的女祕書，謝謝她的鼓勵與支持。

寇克倫（Adam Cochram），由於他在處理糾纏不清的出版合約、周旋於各重要人士之間的高明圓滿技巧，終於使得這本書與《費曼物理學講義》能找到新東家來出版。

索恩（Kip Thorne），由於他的魅力與不懈努力，凝聚了所有參與者的信心跟支持，也爲了他看照我們的工作。

山德士回憶錄
《費曼物理學講義》的由來

山德士

1950年代的教育改革

1953年我首度應聘成爲加州理工學院的教授，一開始院方指派我教幾門研究所的課，但我當時對學校的研究生課程安排很不滿意。他們只讓第一年的研究生修古典物理的課——力學、電學、跟磁學。（甚至在電學跟磁學課程裡，只包含了靜電學與靜磁學部分，完全沒提到輻射理論。）我認爲學校要等到研究所的第二年或甚至第三年，才讓這些頂尖的學生接觸到近代物理的概念（其中很多已經存在了二十到五十年，或甚至更久），簡直是件可恥的行爲。於是我發起一個革新課程的運動。

費曼跟我是老相識，我們在羅沙拉摩斯國家實驗室（Los Alamos National Laboratory）的時代就曾共事過，後來兩人都來到加州理工學院教書。我邀費曼共襄盛舉，我們合作擬出了一份新的課程綱要，而終於說服了物理系其他同仁採納我們的建議。第一年的課程包括一門討論電動力學與電子理論的課（由本人講授），另一門課叫做量子力學入門（由費曼講授），我記得還有一門課講的是數學方法，由沃克（Robert Walker）講授。我認爲新課程相當成功。

就在那段時間裡，在麻省理工學院物理系任職的扎卡賴亞斯（Jerrold Zacharias）受到蘇聯人造衛星**旅伴號**（Sputnik）出現的刺激，發動了一項教改計畫，目的是讓美國高中的物理科教學重拾活力。成果之一是成立「物理科學研討委員會」(PSSC)，這個委員會提出了許多新的教材跟觀念，同時也引發了一些爭議。

在PSSC計畫差不多完成之時，扎卡賴亞斯和一些同事〔我相信裡面包含了傅立德曼(Francis Friedman)和莫里遜(Philip Morrison)〕決定當時的大學物理課程也該整頓一番。於是他們舉辦了兩、三次大型的物理教師會議，從而成立了一個叫做「大學物理委員會」的全國性組織，由十來位大學物理教師所組成。這個委員會接受「國家科學基金會」的支助，它的任務是激發一些全國性的努力，以促使大學院校的物理教學現代化。扎卡賴亞斯邀請我去參加初期的會議，其後我獲選爲該委員會的委員，最後還當上了主任委員。

加州理工學院的課程

我對加州理工學院大學部的課程原先就不甚滿意，參加上述活動促使我去思考如何改進大學部教學。當時大學部的物理入門課程所依據的是一本教科書，作者爲密立根（R. A. Millikan）、若勒（D. Roller）、跟華森（E. C. Watson）三人。這是一本好書，我相信它的最早版本出自1930年代，後來雖經若勒修訂過，但幾乎完全沒有把近代的物理學新知加進去。此外，該門課跟一般的課不一樣，並沒有老師在課堂上演講，因而壓根兒沒機會把新東西介紹給學生。

這門課的要點是一套由史壯（Foster Strong）所整理出來的巧妙「題目」[1]，這些題目就是該門課每週的作業，每週有兩次的演習

[1] 原注：本書第5章所選錄的練習題中，就包含十幾題來自史壯習題集裡的題目。這些問題當年也是經過了史壯的首肯，才被羅伯．雷頓和沃革特收錄在《普通物理學習題》中。

課，由學生討論指定的習題。

就像物理系裡的其他教授一樣，我每年都會被系方指派去擔任數名大學部物理主修學生的指導老師。在跟這些年輕學子交談時，我常常很失望的得知，許多學生到了大三，就開始有意放棄物理——至少有部分原因似乎是他們認為，儘管念物理系已經念了將近兩年，卻仍學不到任何現代物理的觀念。

所以我決定，不能坐等全國大學物理教學改革計畫的實現，而要在加州理工學院嘗試做一些改革。特別是我希望把一些「現代」物理的內容，例如原子、原子核、量子跟相對論等，加到入門課程裡面。在和幾位同事，主要是勞利琛（Thomas Lauritsen）和費曼兩位商議之後，我對當時的系主任巴查（Robert Bacher）提議說，我們應該即刻開始改革系裡的物理學入門課程。

巴查最初的反應並不是很正面的，他的說法是：「我一向都對人說，我們的課程非常優秀，我感到相當驕傲。我們的討論課一直是由系裡一些資深教授主持，幹嘛要改？」但我不為所動，有幾位同仁站出來支持我的意見，於是巴查讓步了，接受改革的想法，而且不久之後就以此名目，從福特基金會籌得一筆補助經費（如果我記得不錯的話，總數超過了一百萬美金）。這筆經費是要用於設計入門課程中的新實驗設備，以及發展新課程內容，特別是要用來聘請一些臨時代課老師，以便讓參與新課程規劃的教授，能夠暫時拋開原有的授課負荷。

當補助經費收到之後，巴查指定系內三位同仁成立了工作小組來領導規劃事宜：他要羅伯·雷頓當主持人，內爾（Victor Neher）跟我為小組成員。雷頓長久以來已經參與了系裡的高年級課程，他所寫的《近代物理原理》[2] 就是高年級課程的主幹，而內爾則是個做儀器的天才。我當時對巴查沒有叫我當小組領導有些忿忿不平。

我猜想他這麼做的部分原因是，我已經忙於主持同步加速器實驗室，但是我也一直都認爲，他是擔心我可能過於「激進」，所以要用雷頓的保守來平衡一下。

從一開始，這個委員會就同意由內爾專注於開發新的實驗課，那方面他有許多好的構想，而且我們也同意應該設法在下一學年度就推出一套演講形式的課程，因爲我們覺得演講是開發新課程內容的最佳機制。雷頓跟我需要設計出一份課程教學大綱。我們先各自分頭去構思，設計出課程的大概輪廓，但每週會面一次比較雙方的進度跟心得，若發現意見不同，則設法找出折衷方案。

山窮水盡到柳暗花明

但不久我們就發現折衷方案不容易找。我通常覺得雷頓的方案了無新意，仍然是用了六十年的物理課程，也許多加了一些修飾而已。而雷頓則認爲我在推動一些不實際的想法，他基本認爲大一學生還沒辦法消化我想要加入的「近代物理」內容。幸好我經常跟費曼討論，使得我堅持既有的決心。費曼當時已因善於演講而廣爲人知，尤其是擅長把近代物理觀念講解給一般民眾聽。那時我在從學校回家的路上，常常順便轉到他家裡去小坐，希望知道他如何看待我的想法，而費曼也經常建議一些可做的事項，一般說來他支持我的意見。

經過了數月的努力，我變得相當灰心，由於雷頓跟我對課程的構想顯然南轅北轍，我實在看不出如何才能夠協議出教學大綱來。

[2] 原注：《近代物理原理》（*Principles of Modern Physics*），羅伯·雷頓著，1959年由麥格羅·希爾（McGraw-Hill）出版。

有一天我突然靈機一動：何不邀費曼來講這門課？雷頓跟我可以把各自擬好的大綱都交給費曼，然後由他去決定該怎麼做。

我馬上向費曼提出建議，我當時是這麼說的：「你瞧，狄克（費曼的暱稱），你已經花了四十年的生命去理解物理世界，現在你有個機會把這些知識整合起來，然後講解給新一代的科學家聽。明年換你來教大一物理如何？」他並沒有馬上表現出很熱切的樣子，但接下來幾個星期，我們仍繼續討論這個點子，費曼的態度有了轉變。他會說也許我們可以這樣做或那樣做，或是這放在這裡比較合適等等。

在這樣子討論了幾週之後，有一天費曼問我：「以前有沒有偉大的物理學家教過大一課程？」我告訴他，我認爲沒有，他就回說：「好，那麼我來。」

費曼願意講課

在下一次的委員會議裡，我興高采烈的提出了我的建議，沒想到當場被雷頓潑了一盆冰水：「那不是個好主意。費曼從來沒教過大學部的課，他不會知道該如何跟大一學生說話，或是他們能夠學些什麼。」不過幸好內爾那天幫了一個大忙，他聽我提到了費曼，眼睛馬上亮了起來，並且接著說：「那樣會很棒！狄克不但懂很多物理，而且他懂得如何把它變得很有趣。如果他真肯教課，就再好不過啦！」這樣便說服了雷頓，而且一旦他被說服之後，就全心全意支持這個做法。

幾天之後，我面對了另一道阻礙：當我把這個想法告訴系主任巴查，他卻認爲不妥，他認爲費曼對研究所的教學太過重要，少了他不行。還有誰能夠教量子電動力學？誰可以帶領理論組的研究生們做研究呢？再者，他眞肯屈就大一生的程度嗎？這時候，我的確去遊說了幾位系裡的老教授，請他們去向巴查說項。最後我用上了學術界人士最愛用的理由，我問巴查：如果費曼眞要去教，你是否要告訴他不應該去做呢？問題於焉解決。

決定之後，離第一堂課還有六個月。雷頓和我把先前考慮過的種種都告訴了費曼，他隨即積極規劃自己的構想。其後每週至少一次，我會到他家去一起討論他的想法。有時他會問我一些問題，例如學生是否聽得懂某種特殊的解釋方式，或者我認爲就材料的順序而言，哪種安排效果最好。

在此讓我舉一個實例：有一回費曼在考量如何介紹波的干涉跟繞射觀念，他發現不容易找到適當的數學說明方式，也就是不易找到既直接又很有威力的數學來解釋干涉與繞射，他所能想到的數學都得用上複數的概念。所以他問我，這些大一學生是否有能力做複數的代數運算。我提醒他別忘了，加州理工學院的新生就是因爲數學能力特別好，才能夠入學的。所以我有信心，只要在事前給他們扼要介紹一下複數的概念，複數代數絕對難不倒他們。於是你可以看到，他在第22章輕快的介紹了複數代數，這麼一來，他就可以在後來的章節中，用複數來描述振盪系統以及物理光學問題等等。

一開始，我們就遇到個小問題，那就是費曼有個很早以來一直信守的承諾，因此他固定每年秋天開學後的第三週，人不在加州理工學院，所以那一週的兩堂課不得不缺席。這個問題很容易解決，到時候我替他代兩堂課就好了。不過，爲了不打斷他講課的一貫性，我講的內容將是也許有助於學生的一些輔助主題，但跟他的課程主軸沒有關係。這就是爲什麼第I卷的第5章跟第6章看起來有點異樣的緣故。

然而總的說來，費曼自己一個人完成了整年課程的大綱規劃，並且放進去足夠的細節，以保證臨時不會出現任何意料外的困難。

那個學年度其餘時間，他將心思全放在這上頭，在9月份（是時已經是1961年）來臨之前，他已經一切準備就緒，可以開始頭一年的演講。

新物理課程

最初大家的構想是把費曼的演講當作修訂兩年入門物理課的第一步，這門課是加州理工學院所有大學部新生必修的課。大家以爲繼費曼之後，其他教授將會輪流接手，負責授課，最後發展出一門「課程」——包括教科書、作業習題、實驗課等等。

我們必須爲第一期的課程設計出不同的作業模式，由於沒有教科書做爲依循，課程必須邊教邊創造。那門課每週排有兩節各一小時的課堂聽講，在週二跟週四上午11點正，此外學生每週還得參加一節一小時的討論課，這節討論課由一位教師或兼任助教的研究生負責指導。另外選修這門課的同學每週還有一次三個小時的實驗課，由內爾教授指導。

在講課的時候，費曼在脖子上懸掛著一具麥克風，連接到另一個房間裡的一台磁帶式錄音機上。黑板上寫的字、畫的圖每隔一會兒就有人用相機照下來，這兩件事都由管理大講室的技術助理哈維（Tom Harvey）來處理。偶爾哈維還幫助費曼設計講課時穿插的示範。上完一課之後，錄音帶馬上交給一位打字小姐柯希奧（Julie Cursio），整理成頗爲易讀的文稿。

第一年雷頓接下儘快把錄音文稿編輯成清楚明白的講義的督導責任，以便讓學生上完課後很快能有印好的講義可研習。開始時，雷頓以爲可以把每一章的編輯工作分派給帶領討論課與實驗的研究生之一，但一試之下，發現這樣不行。因爲一來研究生得花上很多的時間，二來最後編輯出來的講義，所呈現的其實是研究生自己的想法，而非費曼的想法。雷頓很快就改變了策略，親自動手，並且從物理系和工程系招募了幾位有意願的教授來幫忙，請每位教授編輯一章或數章不等。在如此運作方式下，我也幫忙編輯了好幾章第一年的講義。

第二年這門課的形式有了一些更改，雷頓一手接下了下一班的一年級課程，由他取代費曼上講堂講課，並總攬課程管理。這班學生比較幸運，一開始上課前就有前一年的費曼講義可以用。在雷頓去忙一年級的教學後，於是我只得接手負責二年級課程的細節，這第二年課程現在當然是由費曼繼續講下去。我仍然得照樣在最短時間內，把錄音文稿編輯成講義。由於二年級課程的性質，我認爲由我自己來做最爲恰當，所以未假手他人。

我並且持續第一年養成的習慣，去旁聽費曼的課，幾乎從未缺席，而且自己去帶領了一節討論課，目的是想瞭解學生對這門課的看法。我還記得每次下課後，費曼、紐格包爾（Gerry Neugebauer）和我三個，偶爾還加上一兩位其他教授，通常都會到學生餐廳去吃午飯，順便討論一下，剛講過的這堂課應該出些怎樣的習題給學生當作業。通常費曼都已經胸有成竹，想好了好幾個點子，其他的點子也會在討論後出現。紐格包爾的責任就是收集這些練習題目，然後整理出每週的「作業」。

費曼講課的實況

去旁聽費曼講課實在是人生一大樂事。費曼會在上課之前五分鐘左右出現在教室裡，進教室後的第一件事是：從他的襯衫口袋裡掏出來一張或兩張摺起來的小紙條，他把紙條打開，平整放在教室前方講桌上的正中央，紙條大小大概是5英寸乘9英寸的樣子。這一兩張紙顯然就是他這堂課的筆記，只是他開講以來，似乎從沒有正眼去瞧過它們。（在《費曼物理學講義》第II卷第19章的首頁上有一張照片，裡面是費曼講課的神情，他站在講桌的後面，那講桌上的兩張紙清楚可見。）

當上課鈴一響，費曼就準時開講。每一堂課都是仔細籌劃的一場戲，顯然是他花了許多功夫仔細計劃下的產物，只是全擱在他腦袋裡沒寫下來而已。每堂課通常先有一段介紹，然後推演，接下來是高潮，最後是大結局。而他能精準掌握時間，最讓人驚嘆佩服，通常他都能在一小時完畢的那一剎那剛好講完，過早或超過一分鐘以上的狀況極為罕見。甚至他對於講堂前面黑板的使用，也似乎是仔細排練過。他會從左邊第一塊黑板的左上角寫起，等到這堂課講完時，右邊第二塊黑板也會剛好填滿。

但最大的樂趣在於親眼目睹，原來一長串的點子如何推演出來，既清楚易懂又富有格調。

決定把講義編成書

雖然最初我們並沒有想要把課堂錄音的謄本進一步正式編纂成書，到了第二學年的中途，1963年的春天，我們開始認眞考慮是否該這麼做。部分原因是其他學校的物理教授聞風來打聽，詢問能否多印幾份講義讓他們也能分享；另外則是好幾家出版社主動建議我們出書，有的當然是聽到了消息，知道有這樣的一門課，或者是看到了錄音謄本，因此他們希望能夠出版這本書。

經過數度討論之後，我們也相信那些謄本若是經過一番整理，的確可以成為很理想的教科書，於是我們請那些感興趣的出版社提出版計畫書給我們。其中最引人的出版計畫出自艾迪生．維斯理出版公司的業務代表。他們聲稱能夠趕在1963年9月，即下一個新學年度開學之前推出精裝本，也就是在決定出書後六個月就可以看到書。此外，由於我們沒有要求他們必須付版稅給作者，所以他們提議這些書可以賣得很便宜。

他們之所以能夠在這麼短的期間內出書，原因在於他們有完整的設備與專任的編輯，以及排版乃至於照相製版印刷的人員。而且他們採用了當時最新穎的版型，那就是每頁只印了寬寬的單獨一欄文字，並在一旁留下很寬的「版邊」，用來容納圖表及其他輔助材料。這種版面的優點，在於「校樣」完工後就是可以直接付印的最後版面，不需因插入圖表之類而再調動文字。

於是艾迪生．維斯理出版社贏得了合同，而我也接下了修正與注釋演講錄音謄本的任務，我還要和出版社並肩合作，包括校讀排版等等。（雷頓當時接替費曼教下一班新生的一年級物理課，正忙得不可開交。）於是我開始修訂已有的講義，每一回的演講紀錄，以確保清楚與正確，修改完後拿給費曼過目而定稿，一旦我們完成了幾章，就送交艾迪生．維斯理。

我很快的把頭幾章的稿件送去，很快的就收到了排版後的樣張，要求我們校對。我一看，眞是糟糕透了！原來艾迪生．維斯理的編輯把稿子改頭換面，將演講稿活潑、口語的風格改寫成傳統教科書的正式形式，例如把「你」改成了「人們」之類。我擔心這件事可能會造成對立，於是我打了一通電話給編輯，解釋說我們認爲原先的非正式口語風格是該講義亟需保留的重要特質，我們故意選用了人稱代名詞，而避開冷漠的非人稱代名詞等等。好在這位編輯一點就通，知道了我們的意願之後非常合作，後來就不太去更動我們送去的稿子。（我當時跟她合作愉快，只可惜我現在竟然把她的姓名給忘掉了。）

下一個問題比較嚴重：那就是我們該爲這部書取個什麼名稱。我記得有一天，特地爲此事到費曼的辦公室去跟他商量。我建議用簡單的書名，例如《物理學》或《物理學初步》（*Physics One*）之類，而作者應該是費曼、雷頓、山德士。費曼並不特別喜歡我建議的書名，而對我提議列出三位作者更是激烈反對，他說：「你們的名字爲什麼應該出現？你們對此書的貢獻只是充當速記員而已呀！」

我當然不同意他的看法，我指出要是沒有雷頓跟我的努力，他的演講永遠不可能變成一本書。當天兩人各持己見，沒有共識。過了幾天我再回去找他，互相讓步，達成的協議是：《費曼物理學講義》，費曼、雷頓、山德士合著。

費曼序文

在費曼完成了第二年講課後的一天，1963年的6月初，我在辦公室裡忙著給學生們的期末考評分，費曼走進來告訴我說，他即將要出外旅行（大概是去巴西吧），行前來跟我道別。他問我學生們的這次考試成績如何，我說我認爲還相當不錯。他又問整班的平均分數是多少，我告訴了他，我現在記得約是65分。他聽了回應道：「喔，那眞是糟糕透頂，他們應該考得好些才對。看來是我沒把他們教好。」

我趕緊勸費曼不要自責，並且指出平均分數本來就沒有什麼絕對標準可言，相關因素眾多，例如考試題目的難易程度、採用的評分方式，以及我們爲了在給成績時比較容易分辨出A、B、C等的等級，還通常故意想辦法把平均分數盡量壓低，以便有較廣的分數範圍，好得出比較合理的「分數曲線」（順帶一提，這種主張，我現在並不贊同）。我說，我從考卷裡看得出來，班上有許多學生顯然已經從這門課裡學到了很多東西。但是他並不爲所動。

然後我告訴費曼《物理學講義》的出版計畫近來進度神速，他是否願意提供一篇序言之類的文章。他頓時表示很有興趣，但是他沒有時間。於是我建議，用我桌子上現成的錄音機，把他的序言錄下來。後來你們所見到的印在這套書每卷第 1 冊起頭的〈費曼序〉初稿就這麼樣出爐了，不過由於他在口述該序言時，仍然對第二年學生期末考平均成績不如理想而耿耿於懷，以致於在序中說出：「我認為就學生的觀點看，我並不是太成功。」多年來我一直很後悔，不該在這樣的情況下慫恿他口述這篇序，因為我認為，他那句話並非持平仔細想過了後才下的結論。而我只怕後來有許多物理教師以此當作藉口，放棄了試用這套講義教學的機會。

第 II 卷與第 III 卷

出版第二年講義的故事，跟第一年的稍微有些不同。首先，在第二學年度結束時（差不多是 1963 年 6 月間），大家決定把第二年的講義分成兩個部分，成為分開的兩卷：《電磁學》跟《量子物理》。其次大家認為，那些量子物理的講義應該再多放一些說明與解釋，來大幅改進，並且還要大加改寫。為了能夠這麼做，費曼提議在下一年底，他來多講幾堂量子物理的課，屆時那些新加上的講次內容可以和第二年物理課程中已有的摻和起來，做為這套講義的第 III 卷內容。

此外還有一個問題。在此一年前左右，美國聯邦政府授權在史丹福大學建造一座兩英里長的直線加速器，可產生能量為 200 億電子伏特的電子，供粒子物理研究之用。完成時將會是當時世界上規模最大跟耗資最多的加速器，所產生電子束之能量及強度將是既有類似設施的許多倍——總而言之，是讓人非常興奮的計畫。他們成立了一所新的實驗室，名為史丹福直線加速器中心（Stanford Linear Accelerator Center），潘諾夫斯基（W. K. H. Panofsky）受任命為該中心的主任。自從他上任之後，有一年多的時間一直遊說我去當副主任，要我幫忙興建這座新加速器。那年的春天他終於如願以償，我同意在7月初搬到史丹福去。

但是由於我早已答應會對《費曼物理學講義》的出版負起全責，所以當初的安排是我可以把這份工作帶過去抽空完成。然而等我到了史丹福之後，才發現那兒的工作比想像中的要忙碌得多，於是編書、校稿之事如要有進展，我就必須在晚上趕工了。就這樣忙到1964年3月，總算完成了第II卷的編輯工作。幸好我的新祕書普勞絲（Patricia Preuss）非常能幹，幫了我許多忙。

同年5月，費曼已經講完他答應要講的量子物理補充課程，我們得以開始第III卷的編輯工作。由於這次需要一些重大的架構更動跟內容翻新，我數度專程回到帕沙迪納（加州理工學院所在地）找費曼長談。幸好一切問題均迎刃而解，12月尚未開始，第III卷的內容已大致編排就緒。

學生的回應

由於曾經親身在討論課中與學生接觸，我對他們對這門課的反應有相當清楚的印象。我相信即使不是絕大多數，起碼有很多學生瞭解，他們能上到費曼的課是非常難得的經驗。我也看到，他們常常對於上課學到的概念以及大量物理知識感到興奮不已。當然，這只是部分學生的寫照，你得知道當時這門課是所有大一新生的必修課，而有志爾後主修物理學的學生不到新生總數的一半，所以實際上很多其他的學生成了上了架的鴨子。此外這門課的一些缺點也浮現了，例如，學生們常常搞不清楚講課中所揭櫫的主要觀念，跟用來示範如何應用的次要內容之間有何差別。這是他們在複習功課、準備考試之際，覺得最受挫折的一件事情。

1989年發行的《費曼物理學講義》紀念版上，有一篇由古德斯坦（David Goodstein）以及紐格包爾兩人合寫的專序，其中寫到：「……課程進行中，修課的大學部學生出席率開始大幅降低，到了讓人擔心的程度。」我不知道他們是從何處得到這樣的訊息。我也不知道他們根據怎樣的證據說：「許多學生害怕這門課。」我只知道古德斯坦那時候人根本不在加州理工學院。紐格包爾的確是該課程工作團隊中的一員，他有時會開玩笑說，講堂裡的大學部學生都跑光了——只剩下了研究生。也許就是那句玩笑話，影響了他自己的記憶。

我當時幾乎是每堂課必到，坐在講堂後排旁聽，我所記得的是，大概有20%的學生根本就不來講堂聽課，當然我也得承認，由於歲月已久，我的記憶不是那麼清晰。這種缺席率對於這種大班課程來說並不異常，而且我一點也不記得我們這些主持人中有誰「擔心」過。其次，以我在複習時段裡接觸過的同學而論，的確有幾名學生畏懼這門課，但大多數都願意積極參與，並且對這門課非常有興趣，雖然其中有一部分人很可能害怕課後帶回家的作業。

我願在這兒舉出三件事，來說明這門課對最初兩年那班學生所造成的衝擊。第一件發生在授課期間，雖然離開現在已經四十多年，但是當時給我的印象特別深刻，我現在還記得清清楚楚。那是在第二學年度剛開始的時候，也許是由於課程安排的疏忽，由我主持的那個討論小班的第一次集會，居然安排在那年費曼講第一堂課之前。由於尚無新的授課內容可以討論，也還沒有作業，所以不知道該討論些什麼。我只有要學生談談對去年度上物理課的印象，那已經是三個月以前的事情了。數名學生發言後，有位同學說他對討論蜜蜂眼睛構造的那堂課非常有興趣，其中說蜜蜂如何在幾何光學效應以及光的波動性所產生的限制之間取得平衡，而獲得最佳的效果（見第I卷第36-4節）。我問他是否能夠把課堂上的論證重述一遍，於是他走到黑板前，幾乎完全不用我給任何提示，就把論證的重點都舉了出來。這是在他聽了該堂課的六個月後，而且在沒有預習情況下的表現。

第二件是由一位當年的學生在1997年寫給我的一封信中所提供的，那時已是費曼授課後過了三十四年。這位同學姓沙特斯懷特（Bill Satterthwaite），他當年除了上課聽講之外，也是我複習班上的學生。他在麻省理工學院遇到我的一位老友，而促使他寫了這封信，我完全沒有預期會收到這封信。其中寫道：

我寫這封信是要謝謝你和每一位跟費曼物理課有關的人……費曼博士的序裡說他不認爲把學生教得很好……我不同意。我跟幾位朋友當時都非常喜歡上他的課，而且瞭解這些課都是獨特而美妙的經驗。此外，我們學到非常多的知識。至於學生們的內心感觸究竟如何，有一客觀證據可作參考。我記得，在我讀加州理工學院的那些年頭裡，從未有學生在正規課程上課時鼓掌，但我卻記得，在費曼講完課時，學生們常會情不自禁的鼓掌叫好，而且相當常見……

最後一件事證發生在數週前，我無意間看到一篇由奧謝羅夫（Douglas Osheroff）執筆的簡短自傳。奧謝羅夫是1996年的諾貝爾物理獎得主之一〔跟他一起獲獎的還有李大衛（David Lee）和李查遜（Robert Richardson）〕，得獎原因是發現了氦三的超流體狀態。奧謝羅夫寫到：

我讀加州理工學院的時機很好，剛好碰上了費曼正在教那著名的兩年大學部物理課程。這兩年的薰陶，在我受教育的整個過程中極其重要。雖然我不敢說當時我瞭解所有的內容，但我相信這門課對於我物理直覺的發展最有幫助。

後記

第二年課程剛剛結束，我就唐突的離開了加州理工學院，此舉使得我沒有機會觀察這門物理學入門課程的後續演變。因此我不太清楚出版後的講義對後期學生的效果為何。但是大家一直都很清楚，這套《費曼物理學講義》並不能單獨用來當作教科書。原因是它缺少了一般教科書中的配件：例如每一章的概要、解說完整的問題範例、家庭作業等等。這些就得麻煩勤快的教師另外花功夫準備。不過從 1963 年開始就在加州理工學院負責這門課的雷頓與沃革特，也提供了一些這類配套措施。我曾經有一度想把他們的心血彙集成一卷補充教材，但是一直沒能實現。

在我為了推動「大學物理委員會」的教改理念而全國走透透的時候，經常拜訪各大學的物理教授。我聽到大部分教師都不考慮採用《費曼物理學講義》——不過有一些教師會選用其中的一兩卷做為他們「榮譽班」的教材，或是當作正式教科書以外的補充教材。（這兒我必須透露，那就是我經常可以感覺得到，一些教師對試用《費曼物理學講義》有點兒投鼠忌器，害怕學生可能會問出一些他們無法回答的問題。）我最常聽到的是，這套《費曼物理學講義》被研究所學生用來當作資格考的最佳複習材料。

看來《費曼物理學講義》在美國以外的世界各地所造成的衝擊，很可能比在美國國內造成的還更大些。出版公司已安排將《費曼物理學講義》翻譯成許多其他語文版本，如果我沒記錯，一共有十二種之多。當我旅行國外去參加高能物理會議時，時常會有人問我，是否就是紅皮書作者之一的那個山德士？而我也經常聽到國外的大學採用《費曼物理學講義》當作物理入門課程的教科書。

我離開加州理工學院後，可惜不再可能跟費曼和他太太溫妮絲（Gweneth）保持密切的交往。費曼和我自從羅沙拉摩斯共事的日子開始，關係一直很好，1950年代中期我參加了他倆的婚禮。1963年以後我們分處兩地，偶爾我回去帕沙迪納，若是我一個人去，就會暫住在他家裡，若是我帶著家人一塊兒去，兩家人就一定會選一個晚上聚會。記得最後一次兩家人如此團聚時，他告訴了我們，關於他最近動了癌症手術的故事，而那次會面之後不久，他就離開了人世。

從當年這門課開課以來，到今天已經超過了四十寒暑。我現在非常高興見到《費曼物理學講義》這套書仍然在印行，仍然有人購買、閱讀，而且我敢大膽的說，廣受人們賞識。

山德士（Matthew Sands）
於美國加州聖克魯茲
2004年12月2日

專訪之一
費曼訪談

本文是1966年3月4日，韋納（Charles Weiner）在美國加州對費曼的專訪。資料來源：馬里蘭州美國物理研究所波耳圖書文獻庫。

（譯注：韋納當時是該研究所物理史中心主任。）

費曼：《費曼物理學講義》，你想談這個？

韋納：我覺得很恰當，因為在那年代，這是件非常重大的事。

費曼：好，現在回想起來，它的確很有意思，當時的確是件大事。我那時老是抱怨沒時間做研究——我老碰到有人跟我說：我怎麼會傻到自以為那些年什麼都沒做，因為這個課程的確是大事一樁。但我現在還是不這麼認為，因為當你年輕時，你覺得要奉獻於某個大目標，例如要發現新物理；如果去做別的事，就不容易說服自己這樣足以讓別人滿意；其實我只不過是教一門課而已。

總之，這個課程的來由是這樣的：那時某些老師，我不在其中，在醞釀要改革物理課，內容要調整。因為很多修物理課的學生很優秀，他們抱怨說，上了一、兩年物理課，還是在談滾球跟斜面。他們在高中就常常聽到相對論和奇怪的粒子，還有奇妙的物理世界。可是卻要等到上研究所，才有機會學到這些精采的物理。學生不滿意，所以某些老師試著改革物理課，他們已經弄出某個課程大綱，但是問題來了，誰來教課？我不知道那些老師彼此怎麼商量的。總之，山德士來找我，說服我來教這門課。不過，我沒用原先那個大綱。你也知道，到頭來我當然會要用自己的方式來；不過，我大概還知道是怎麼回事。他們要我教大一物理，他們想改進這門課。過去並不是由一個主講教授來上課，而是分成很多小班，由研究生來教。大家唯一共同上課的時候，是每週或隔週星期五不定期的提升物理涵養的演講，跟物理課沒有直接關連。

韋納：講一些科學史？

費曼：不，不是那樣。我時常受邀去演講，我會談相對論。但那並非那門課的固定內容。有時演講的老師所談的，正是該門課的固定單元，但是整體而言彼此沒有協調。

這時，他們要設立新的實驗室，籌劃全新的實驗課程大綱，並且設計新的實驗單元。他們想要打造新課程，包含每週兩次講課，由某教授主講，另外有研究生帶的演習課。他們問我願不願意教這門課。他們有福特基金會提供的經費，來做這件事。當時很多機構願意提供經費來改變世界。

所以我就說「好啊！」就接受一年的挑戰，試圖開一門課，每週上課兩次。

韋納：你當時是否需要放掉其他一切事，別的課都要推掉？

費曼：真的是這樣，我到現在都還覺得不可思議。我太太後來告訴我，說我不眠不休，每天十六小時都在爲教這門課準備。我全部時間幾乎都耗在這裡，全心全意在操心思索這些課程，因爲不只要準備上課素材，講課還要事先演練，才能講得好，也許你懂我在說什麼。

那時我有個想法——我有個原則，其實有幾個原則。第一個就是，我不會教他們任何後來還必須再教一次的東西。必須再講一次的理由是第一次教的是不對的東西，除非我第一次就指出所講的東西以後要修正。比方說，如果牛頓定律只是近似的，在量子力學不適用，在相對論中也不適用，我一開始就會說明清楚，讓他們知道這個情況。也就是說，應該有個類似地圖的行前指引。事實上，我當時甚至想到做一個大地圖，把各種觀念的相對關係畫出來，這樣我們就知道自己目前在地圖上哪裡。那時候，我覺得所有物理課程的缺點之一就是：老師只是告訴大家，你要學這個，你要學那個，學完之後，就會了解彼此之間的關係。但是，這張地圖不存在，茫無頭緒的學生沒有地圖來指引。所以我想到要做這張地圖。可是，後來發現我的想法並不可行。也就是說，到頭來我並沒有做出這麼一張地圖。

另外一點就是，我所教的內容，有一部分足以讓優秀的學生反覆思索，而一般學生也應該可以了解。因此我試著發明新的教法。

我先把各個原則講完。第一就是，我絕對不講任何不是完全正確的東西，除非我一開始就強調這一點，而且會說明什麼以後必須修正。（還有一件事，我看別人的書，就體會到裡面有些嚴重缺失：例如，同一本書內，一開始先教 $F=ma$ ，後來又教到摩擦力是摩擦常數乘上正向力……彷彿這兩者是同一個位階，而且重要性相同。你要知道，這兩種力的特性大不相同，卻沒有明確講出來。）以上是第一個原則。

當初的第二個原則是：要明確指出，從已經教過的內容，哪些是學生應該可以了解的，哪些是還不足以了解的。因爲，我在某些書中看到，突然就蹦出，譬如說，交流電路的頻率公式，這個應該是較深的內容。這些書在那章節還沒辦法推導出這公式，卻沒有說明「光靠到目前爲止的知識（推論層次），你們還無法了解這個公式，這是硬加進來的。」也就是說，講解時應該區分哪些是硬加進來，哪些是可以推導的。即使這是可以從別的地方推導來的，也應該講清楚——可是很多老師沒有這樣說明。我都會說：「以下是其中一種推導方式，大致上是這樣的，但是我們沒有試過從那個導到這個。」或者，「要知道，這是從別的地方來的獨立觀念，你沒辦法推導的，所以不要擔心。」

像這樣的小原則，有若干個。下一個挑戰就是講課的內容適合一般學生，但是也有東西可以給優秀的學生。後來我就想到一個點子，在規劃這些課堂講解時，我會在大講堂前方擺一個大方塊，每個面顏色不同。如果某些內容只是好玩的，只是要激起較優秀學生的興趣，但不是這門課的主要內容的話，就用方塊的某個顏色面來表示。聽懂了嗎？如果所講的內容是很基礎、要了解物理不可或缺的知識，大家都要盡量努力去搞懂的內容，方塊另一顏色的面就會對著學生，以此類推。我想用顏色來顯示各個主題的重要性，在物理學中的地位。我當初擔心，每個學生都會想要理解所有的內容。如果他們都懂的話，就表示沒有東西保留給較優秀的學生。其實這是不可能的，既要有東西給較優秀的學生咀嚼，又不會把最笨的學生、或是沒那麼厲害的學生搞糊塗，這根本不可能。

當時有這個立方體的點子，後來還是放棄了，因爲太像在耍噱頭。後來我就用寫的，每一堂課前，就在黑板上寫下需要切實了解的中心項目（現在已經不存在了），沒有列在摘要中的項目，就是講給大家聽聽，好玩的。但是這些摘要已經都擦掉了。[1]

最後，我想想看——剛才在講的時候，又想起一些事情……忘記了。

就這樣，我就開始講課。剛開始的時候，我要做的第一件事就是把學生兜起來，即讓學生有相同的出發點。有的人一開始不明白我這麼做的道理，其實目的就是，讓這些剛從高中畢業的學生有大致相同的起點。例如：我會提到所有東西都是原子構成的——倒不

[1] 加州理工學院文獻庫的照片，保存了費曼講課時寫在黑板上的摘要。即將隨著《費曼物理學講義》的完整電子版同時出版。請參看 http://www. basicfeynman.com/enhanced.html 。

是說我認為他們不懂，而是要那些萬一還不知道的人知道這件事。我又不能明著講，因此我敘述的方式要讓已經知道的人覺得眼睛一亮，從新的觀點來看這主題；而原先不知道的人也開始有所了解，到達我上課所需的程度。就是這樣。因此剛開始的幾堂課，就是讓大家有共同的出發點。

而且，這幾堂課，尤其是開頭那幾堂課，我已經在別的地方講過，因此我可以有時間去準備後續的課程內容。最後——噢，還有一個原則，很重要的原則：我希望每一堂課都可以自成一個單元。我那時覺得，上了一堂課，然後說：「下課時間到了，我們下次再繼續討論。」或是說：「上一堂課我們講到某某事情，現在繼續講下去。」我覺得這樣做並不妥。

因此，我沒那麼做。反而我希望每一堂課都能夠自成一場獨立的出色演講，有開場、有概念說明，最後還有精采、令人回味的結語。後來每一堂課都大致有做到這一點，除了少數例外。有一兩個主題我沒辦法這麼做，我必須連續兩堂課來講授——不過那又是另外一個原則。我現在只是告訴你，當初備課的大方向。

最後一點，我的興趣主要是在物理，還有整理教課內容。我很喜歡整理教材，思索如何貫通其中邏輯，以及如何從新的觀點來看事情，我該如何解釋其中奧妙等等。我稱不上是想對每個學生都有個別了解的那種老師。我是說，我不會想去注意某某學生已婚，只想趕快拿學位等等這類事。我大致把學生當成抽象的學生而盡力去教他們，他們可能具有各種特質，這類、那類，各式各樣的抽象學生，而不是任何特定的學生。總之，我的興趣集中在授課的主題，不是學生，而是主題。

你想知道我對這門課的感想，我想想看還有什麼可以講的？都已經編成書出版了。我試著要說的是：我自己對這門課的看法，以及當初我努力的方向。

韋納：你在教的時候，有沒有得到任何回響？

費曼：沒有，完全沒有。因為我無從得知學生的反應。我那時沒有帶演習課，而且每堂課最後，也沒有留時間讓學生提問。所有的問題都留給演習課。因此，完全沒有得到回響，除了由別人出題的考試以外。那時候每隔幾個禮拜要考試，學生要回答筆試的問題。在我看來，成績很不理想，淒慘到讓我從頭到尾都很沮喪。不過還沒有沮喪到要放棄我原先設定的方向，只是始終覺得，我這個做法成效不佳，沒有用。不過，沒關係，無論如何，我還是會堅持下去。我是說，管他的，這是我所知道的唯一教法啊！只是沒有效果。

韋納：那些帶演習課跟學生直接互動的老師，他們怎麼說呢？

費曼：跟學生直接互動的老師跟我說，我低估學生了，其實並沒有我想的那麼糟。不過，我從來就不信，現在也一樣。

韋納：以這方式授課，它的效果本來就很難用傳統筆試來衡量，你不覺得嗎？

費曼：當然是這樣。姑且假設你說得有點道理。可是，你又能怎樣呢？我是說，你剛才問我，當時感受如何？雖然很難用筆試衡量，但我那時期待：他們做那些簡單題目的時候，表現應該會更好，也就是說，如果某人很明顯題目做不出來就是做不出來，那當然就是沒有理解我講的內容。這就是我當初的感受。

韋納：你總共教了多久？三年？

費曼：我教了一年，然後他們又來遊說我再教第二年。我就說：「我比較想把這第一年重教一次。這一次我想親自出一些題目來配合教材，並做一些改進，不過主要是出題目來配合教材，讓教材透過這些題目眞的發揮效果。」當然也要改進一些我不那麼喜歡的材料。

然後他們又回來遊說我，幸好他們鍥而不捨，想盡辦法要說服我。他們說：「聽好噢！以後沒有人有機會這樣教這門課。我們需要第二年的課。」

我那時並不想教第二年，因爲當時對第二年該教什麼，沒有很棒的想法。我覺得自己對講授電動力學沒有什麼特別好的點子。可是，你看，這正是當初開這門課的挑戰。我受到考驗去解釋清楚相對論，受到考驗去解釋量子力學，受到考驗要說明數學和物理的關係，或是能量守恆。這些挑戰我都一一回應、克服了。但是還有一個挑戰，不是別人給的，是我自己設定的，因爲我那時不知道該怎麼克服，到目前也還沒完全成功。現在我想我知道該怎麼做了，雖然還沒去做，但我總有一天要去做。這個挑戰就是，如何解釋馬克士威方程式？如何對外行人，幾乎是一個外行人，一個很聰明的人，說明電磁學定律，如何在課堂上用一小時讓他懂？你會怎麼做？我還沒有找到答案。好吧，不然給我講兩個小時好了。不過還是應該設法在一小時內講完，頂多兩小時。

總之，我現在已經有更好的方法來呈現電動力學，這個方法比起那套書裡面的更有創意，更厲害。但是當年我找不到新的方法，因此也就懊惱自己拿不出別人做不到的貢獻。但他們說，「反正你去教就是了！」他們說動了我，我就去教了。

當初我在規劃的時候，我本來預期我會先教電動力學，然後教一個主題，但它其實觸及物理各個分支，而我可以用上相同的公式，例如，擴散公式可用於擴散，以及溫度的擴散，和其他很多東西的擴散；又例如波動方程式可用在聲波、光波等。也就是說，課程後半段會類似物理的數學方法，但用上很多物理的例子。也就是說，我會教物理，同時教數學。我會教傅立葉變換、微分方程式等等。不過我不打算這麼做，不會像平常的課程安排，我準備用不同的主題來講，因為很多不同領域用到同樣的方程式。因此，講到某個公式的時候，就應該把用到該公式的所有領域都交代清楚，而不是只講公式。這就是我設定的方向。

後來，我又有新的想法：說不定我可以教大二學生量子力學，當時沒有人認為做得到，除非奇蹟出現。我當時想要顛覆量子力學的傳統教法，把前後順序顛倒過來，也就是艱深的先教，最後才教傳統上認定為最基本的觀念。

我就把這想法告訴他們，來來回回討論。他們跟我說，我必須開這門課，我講的後半段數學那部分，別人也許早晚會教，但是這樣子的量子力學課卻是獨一無二的，他們也知道，我不會再教第三年的，他們希望我一定要實現這獨特的課程——就算害學生人仰馬翻、學不到東西、效果不佳，也在所不惜。其實，我自己也不知道後果會如何，到底值不值得這麼做。總是要試試看嘛，所以就教了。這就是第 III 卷的量子力學。但是第 II 卷和第 III 卷合起來教了一年，第 I 卷也是一年。

韋納：就是說，你付出整整兩年的心血。

費曼：對。先是 1961 到 1962 年，接下來是 1962 到 1963 年。

韋納：你昨天有提到，你後來對這套講義比較肯定了。

費曼：稍微。

韋納：因為加州理工學院以外，別的學校也採用。

費曼：這麼說吧！我還沒有太肯定，但是別人都跟我說，我應該要感到欣慰。我大概慢慢在理解這一點吧！但是我一直在強調，從一開始我就是針對這一班學生授課，我所能做的就是這樣而已。我過去一直在強調：「它的目的、效果、影響只有在當下，當初是針對這班學生而教的課，就是如此而已。沒有辦法移轉給別人。」我想這樣說大約是對的。如果別人用這套書教課，我去聽講，一定會看出各種缺失、錯誤、弱點和曲解的地方。人家說，「生命一結束，就結束了」眞的是這樣啊！但是我想，一定會有人沒去聽某某教授講這門課，而是坐著閱讀這本書而一面思考。他們一定會學到點東西。因此，如果我保持樂觀，期待這套書對某些人有幫助，也許我可以對這段經歷比較感到欣慰。但我覺得對於這班學生來說，也就是我當初設定的教學對象（我不去管這套書或其他事情，我只管學生的收穫），我覺得成效跟付出的努力差太遠了。[2]

[2] 又過了二十年後，費曼提到《費曼物理學講義》的時候，他說：「它的內容包羅萬象，物理的基本觀念篇幅較多，所以顯然有點用處。我現在必須承認，這套書的確對物理界有一點貢獻。我無法否認這一點。」——錄自梅拉（J. Mehra）所著的《另一種鼓聲》（*The Beat of a Different Drum*）

專訪之二

羅伯・雷頓訪談

本文是1986年10月8日，艾思芭圖仁（Heidi Aspaturian）於美國加州帕沙迪納，對羅伯・雷頓所做口述歷史訪談。

資料來源：美國加州帕沙迪納，加州理工學院文獻庫。

雷頓：費曼那門課很重要，我參與了編輯，並且把「費曼語」翻譯成英文。那段時光很有趣，也很刺激。

在1960年代初期，紐格包爾（Gerry Neugebauer）和我在研究紅外線，那時我正要打算做「航海家」（探索太陽系行星的太空船）的研究，費曼課程推出了。那是我先前有直接參與的專案的後續——就是要重新設計大一物理課程。我心裡也有些想法。大一物理課程小組的其他成員也有些想法。討論過程中，山德士說：「其實，我們應該找費曼來講課，並且錄下來。」山德士當時是加州理工學院物理教授，思想很前進。他年輕時曾參與原子彈計畫，所以他跟費曼夠熟，可以去跟費費提這個建議。可是費曼一直抗拒。

艾思芭圖仁：費曼這門課有什麼特殊之處，讓費曼成爲做這件事的最佳人選？

雷頓：費曼有一個別人沒有的特質，那就是他跟你解釋某個觀念的時候，聽起來清晰易懂。你可以了解觀念的來龍去脈，彼此的關係，聽完了覺得很開心，感覺就像「哇！有好多的細節我還想要繼續追尋探討，好棒啊！」但是兩小時之後，就像人家拿中國菜作比喻那樣——都消化掉了，肚子又餓了。可是也不記得當初學到什麼。

這一點我可以作證。在1950年代末期，費曼做過一場演講，主題是愛因斯坦狹義相對論的基本概念，對象是社會大眾。地點在某大講堂，當然，那天擠得水泄不通。他以那獨特的風格，把這個主題化約到最簡單的式子，就是 $1-v^2/c^2$ 。他說：「你只要學到這個 $1-v^2/c^2$ 的平方根就夠了。」散場離開的時候，我無意中聽到一位小姐告訴身邊的男性友人：「他講的東西我大部分聽不懂，可是非常有意思！」費曼就是有這本事！

艾思芭圖仁：彷彿他給了一場虛渺的演講，跟虛渺的粒子一樣。

雷頓：〔笑〕是啊，沒錯。的確，他可以把某些觀念想法帶入實體世界，但是時間很短，然後又眼看著它沉入海中。

艾思芭圖仁：當初的想法就是要永遠把他從眞空中拉出來。

雷頓：對。因此山德士去找費曼談。他原本斷然拒絕，後來才答應。《費曼物理學講義》就這麼誕生了。

雷頓：費曼教的時候，試圖把大學物理課整理成兩年的課程。後來花了三年，因爲在頭兩年，他沒能眞正教到量子力學——雖然他零散講了幾個獨立的主題。他一開始就講原子。他並沒有自我設限，把原子的觀念留給化學老師去講，他不認爲大一學生只要學滑輪和彈簧即可！他要學生認識清楚，物理就是原子性質的表現。在這樣的分類之下，他試著讓每一堂課都是獨立、完整的單元。但是，這也只能做到某個程度，因爲這樣做的前提是數學知識足夠，以及學生把數學應用到物理的技巧要夠嫻熟之類的事。

總之，一開始大家覺得找費曼來教，這個想法很棒。事實上，後來才知道，成熟的物理學家的收穫比大一新生更多。費曼這課程對多數大一學生來說，內容太豐富了一點，對20%的學生，這樣教很理想，效果很好；但是對60%的學生則不是如此，他們的反應比較接近：「你到底希望我們從中學到什麼？」

我那時負責督導實驗課，並協調這門課第一年相關事宜。我也負責把講課內容轉成書面文字。我在這套書的序言提到，我們預期編輯的工作可以交給研究生——檢查有沒有疏漏，把謄寫員聽錯、誤會的地方更正過來。

艾思芭圖仁：你怎麼會碰巧去督導編輯工作？

雷頓：我那時擔任課程修訂小組的主席。你不可以把這門課全部交給費曼去經營；他要講課，因此所有的時間都花在上面了。我們同時也要有實驗單元，來搭配課程的主題；既然新的教材跟舊教材差很多，因此，大一物理實驗課要設計新的單元。已經退休的內爾（Victor Neher）博士，才是眞正督導實驗課的人。我當時只負責協調。

這門課都有錄音。費曼用的是別在衣領的小型無線麥克風，我們還請一位小姐把錄音謄打到紙上。她很開心，一邊聽課堂錄音，同時打字出來。她做得很好。可是六或八堂課之後，發現打字稿沒有辦法用。因爲打字稿是逐字逐句謄打的，而費曼講話的風格偏偏就不適合逐字稿。因爲他講一件事不會只講一次，他至少會講兩次半，有時多達三次半到四次，而且每次講法略有不同。然後他開始講下一件事，講了兩三分鐘以後，他就想到也許先前那件事可以講得更好，就回去講。結果，整份謄打稿看起來，組織有些鬆散，多少有些凌亂。所以到頭來，是我親自把第一冊編出來。這相當於一份全職的工作，因爲如果不用心編輯整理，就沒有辦法把講課內容完整呈現。

有某一段話很特別，如果手邊有費曼這本書，我一定可以找得到，我想讓妳看看當初費曼講的時候是怎樣措詞的。〔笑〕他在講牛頓之前的物理學和牛頓之後的物理學。費曼想要表達的是，牛頓之前這世界一片混沌，充滿黑暗與迷信；牛頓之後則充滿光明，一切條理清晰、可以理解。這一點完全正確，可是他講得有些辭不達意，他有一個句子裡面完全沒有動詞。

艾思芭圖仁：剛開始的時候，你跟他有多熟？

雷頓：就像今天這樣。我想他跟我一樣，不喜交際應酬。我記不住人家的名字，除非我下功夫而且花很長時間。如果我想要在腦海中將人們的名字分類，以便以後想得起來，我必須當場做這件事。但問題是，人家把我介紹給某人，經常是在談話中途打個岔，然後談話又繼續下去，這位新認識的人是誰？馬上就忘記了。我有這個缺點，費曼也有。他在麻省理工學院上學時，有一位室友跟他同寢室至少一個學期，後來也到加州理工學院來教書。而他根本不記得人家的名字！〔笑〕

艾思芭圖仁：跟他合作整理《費曼物理學講義》的經驗如何？

雷頓：錄音的謄打初稿根本就是「費曼語」，原稿必須先扼要修潤一下。我把每一場的講稿整理過，覺得可以做成印刷稿時，就再交給那位小姐重新謄打，然後交給費曼看，他偶爾會要修改小地方，通常是沒有要改的——也就是說，他夠滿意了。

還有一件事，這堂課是上午十一點，下課後是午休時間，我們會一起走路去吃午餐，他對某些觀念描述不滿意時，大家就會討論，相互詢問：「我們怎樣可以做得更好？」就會激發一些想法，大家深入討論。來聽課的不只學生，教授和助教也都來，因此就會有彈性的午餐時間，部分在談論剛剛上的那堂課，當初並非有意這樣安排，只是正好課後有機會來交換心得。

艾思芭圖仁：當初設計這門課，主要是爲了加州理工學院的學生？

雷頓：噢，是啊。

艾思芭圖仁：可是後來流傳很廣，對吧？

雷頓：這麼說吧，教大一物理的老師沒有誰不想有套《費曼物理學講義》在手邊，不管他有沒有拿來當作上課的素材。當初這個專案是福特基金所贊助，我不知道權利金現在已經累積到多少。當初的安排是學校同意將這套書的所有版稅，用於資助校內類似的活動。當初參與課程的人都沒有分到版稅。我們把出版這套書視爲教學任務，不是爲享有著作權而整理書稿。這樣安排也還不錯啦。當時，費曼曾說：「未來四、五年，我們只要看到薪水升多高，就知道這套書是否暢銷。」〔笑〕他講得沒錯。我們的薪水一路攀升，尤其是他的薪水，想也知道，但其他很多人也受益，我想是因爲剛好在費曼旁邊，也跟著沾光。

艾思芭圖仁：你的兒子拉夫．雷頓（Ralph Leighton）也參與類似工作[1]。當初是怎麼開始的？怎麼變成你們這家人的特權？

雷頓：我不太記得事情發生的順序。基本上，我太太和我會請朋友來家中晚餐，費曼肯定參加過，一次或是多次。我兒子當時在上高中，喜歡打鼓，他認識某個音樂世家，那家人小孩很多，大人小孩都玩樂器，因此我們家也常有音樂人士出入。某次聚會時，費曼聽到我兒子和朋友在我家另一頭玩鼓，他很自然就過去看，他的性格本來就是跟小孩相處比跟大人相處來得自在，他自我介紹，他

[1] 費曼有兩本回顧的書，是拉夫．雷頓錄音後謄打的，書名是《別鬧了，費曼先生！》和《你管別人怎麼想》，後來在2005年輯成一冊，叫《經典費曼》。〔中文版注：天下文化出版的《別鬧了，費曼先生！》和《你管別人怎麼想》仍是區分成兩冊，與《物理之美》、《這個不科學的年代》、《費曼的主張》、《費曼手札》、《費曼的六堂EASY物理課》、《費曼的六堂EASY相對論》以及《漫畫　費曼》，共九本書，合稱為「費曼作品集」。〕

們就邀請費曼一起打鼓。後來費曼、我兒子就定期相約聚會打鼓，另外兩、三位朋友也偶爾加入。

我自己也曾經很好奇，想知道費曼敲鼓的實力如何，有一次就問拉夫：「費曼敲鼓到底有多厲害？」他回答：「他有抓到節奏啦，而且很快就上手，只是剛開始有時不順利——就一個老人來說，他算是很不錯的啦！」〔笑〕我就告訴兒子，他剛剛評論了一個人的本事，這個人可能是當時地球上，比其他任何人更要了解宇宙如何運行的人。〔笑〕

後來，我兒子玩音樂的朋友一個個離家去外地上大學，只剩他和費曼繼續玩鼓。如果你跟費曼交往，久而久之就會聽到各種軼聞趣事。這些小故事肯定愈講愈精采，不過都是真實的事件，彷彿費曼有一個魔法箱，三不五時就從裡面抓一個事件出來講。也就是說，有時候講到一些事情，就會令他想起以前的某件事。如果不同場合講到類似的主題，而你剛好都在場，多半會聽到同一故事，像是費曼小時候就會修真空管收音機，或是他在參與原子彈計畫時，如何跟那些軍方將領互動等等。而且費曼一開口就停不了，講這件事會讓他想到另一件事，實在是令人折服。這傢伙真的是不可思議！

艾思芭圖仁：這麼說，他有源源不絕的趣事可以講。

雷頓：有人會說，他真是滔滔不絕的囉嗦！〔笑〕

當初我兒子是在他們聚會玩鼓的時候，錄下費曼講這些軼事，然後他把錄音謄打成稿，一開始用打字機，後來用我的電腦。費曼也贊同這麼做；這麼做一點也沒有遮遮掩掩。一切只不過是我兒子問了一下：「你講的這些事情好精采，可是講完後，卻像珠寶從我手指間滑落。可以錄音嗎？」

後來有一天，我跟兒子說：「那些文稿給我看一下吧？我想回味一下。」因此，大部分文稿我都有看過，偶爾我會抓到幾個錯字，因爲聽的時候誤解而寫錯了。

艾思芭圖仁：那些軼事大部分你原先就聽過了？

雷頓：是啊，只有 20% 是第一次知道。我認爲，拉夫和我雖然各忙各的，從未討論或商量，但都體會到一點：就是費曼講的話，最好少更動，讓它盡量原汁原味呈現，包括他的語氣措辭——但是重複的話要刪掉。在整理物理課的錄音稿時，我就知道一定要把他重複的說詞刪減，成爲恰當的陳述，然後才放行。我兒子在這方面天分不錯。不過，那本書是他第一次嘗試爲了出版而整理文稿，也從哈金斯（Ed Hutchings，工程及科學文章的編輯）學到一些珍貴的編輯心得。

艾思芭圖仁：有在規劃續集嗎？

雷頓：有，還有不少趣聞軼事尚未出版。還有《量子電動力學》這本書[2]剛剛出版，書評不錯。我猜我兒子還繼續在聽錄音帶呢！

艾思芭圖仁：在那本《別鬧了，費曼先生》裡面有幾件事情，我認爲讓費曼不太光彩。有沒有人講到要刪掉那些負面敘述？

雷頓：沒有，那是他的本色。

[2]《量子電動力學：光與物質的奇異理論》（*QED: The Strange Theory of Light and Matter*），費曼著，普林斯頓大學出版社 1985 年出版。

專訪之三

羅卻・沃革特訪談

本文是拉夫・雷頓（Ralph Leighton）在2009年5月15日，於加州理工學院所錄的專訪。雷頓及高利伯兩人訪問羅卻・沃革特（Rochus E. Vogt），談1960年代初期在加州理工學院的情形，以及講授費曼的物理教材的情形。

（驚歎號通常代表沃革特邊講邊笑。）

拉夫・雷頓：想請教當初你在《費曼物理學講義》扮演什麼角色。請帶我們回到那個時光。

沃革特：我是1962年來到加州理工學院，而費曼物理課程的前半段，大一物理課的部分，是前一年1961學年教的。所以我到的時候，費曼的大一物理課程正需要有人把它轉成一般人也可以懂的內容，那眞是一大挑戰！當初加州理工學院聘用我的時候，我就告訴當時物理系的系主任安德森（Carl Anderson）：「我在芝加哥還有些重要工作要收尾。我要到10月中旬才走得開。」他說：「沒問題。我會找人先教到10月中，不過你一到就要接手教課。」這跟今天的情況非常不一樣。我還記得，太太和我是星期六下午抵達帕沙迪納，星期一上午就進教室教課了，我那時還搞不清楚狀況呢！

那門課程剛剛進入第二年。費曼講授大二的課程，令尊（羅伯・雷頓）接手講授大一物理。羅伯・雷頓講課很精采，我當初在那團隊中工作非常愉快，而且也有幸可以檢驗我們這些凡人，是否能夠教費曼的教材，很多人以爲這是不可能的。我的老闆是羅伯·雷頓，我擔任助教，帶兩班演習課，一班普通生，一班資優生。帶資優班很輕鬆，但是普通班不好帶，因爲有些主修生物的學生根本不想學物理。不過，還是熬過來了，帶普通班比帶資優班更有挑戰，因爲資優班很好教——他們自己就弄懂了，不需要我教。

拉夫·雷頓：說來有意思，有些人自認是好老師，其實是學生優秀。

沃革特：就是嘛！那時候還有教學品質問卷，學生可以對所有老師表示意見。我看過學生評論我的意見：「他教得很好。當然啦，有《費曼物理學講義》那麼好的教科書，誰都可以教得好！」可見他們當時認爲它是好教科書。多年過後，加州理工學院的人，才在說《費曼物理學講義》其實不宜當作教科書。可是即使老師指定別的書，很多學生還是拿這套書對照著看，可見大家還是知道《費曼物理學講義》的價值啊！但是在加州理工學院，我們還是應該用它作教科書，根本不必討論。

說來其實不容易，因爲我們沒有人有費曼那樣的魅力和風範，這是模仿不來的。但是我在加州理工學院的第二年，從羅伯·雷頓接手教大一物理課，我都會如此要求學生：請預習《費曼物理學講義》第幾章，上課時我會教你如何去運用。這麼做很有效，因爲我不必重複費曼的話。事實上，我告訴學生：「我不需要複誦聖經，聖經早已經存在了。但是我可以教你如何運用。」我給他們例題、應用方向、延伸閱讀，有時還提供詮釋（因爲費曼有時講得層次很高），效果似乎不錯。我怎麼會在加州理工學院的第二年，就接手教費曼課程？你聽了也許會覺得有意思。1963年10月初某一天，剛好碰到羅伯·雷頓，他毫無預警就說：「我要你接手這門課。」

「怎麼啦？」我很關切的問。

他說：「我需要休長假，已經決定要去亞利桑納州的凱特嶺，我已經決定要你接手費曼物理課程。」很快大家都聽說了，羅伯・雷頓打算把費曼課程交給我。

山德士知道了就大發雷霆！我記得和羅伯・雷頓在他辦公室談這件事，聽到山德士在走廊上大聲發牢騷，就我所知並不是針對誰在咆哮。他大喊：「羅伯・雷頓頭腦不清啦！他瘋了！怎麼可以讓那沒經驗的菜鳥助理教授來接手費曼物理課程呢！太過分了！我反對！」他非常激動，因爲他很在乎這件事的成敗。他信得過羅伯・雷頓，但是從沒聽過我的名字。

總而言之，我在 1963 年 10 月 21 日，上了我的費曼物理學的第一堂課。那之前發生了幾件事：我預定要在 12 月份學期之間的假期去印度開會，所以提前打了黃熱病和傷寒的預防針。但打了傷寒預防針後，我全身開始發燒。也就是說， 10 月 20 日那天，我正發著高燒。除此以外，我太太在同一天生了大女兒，因此 10 月 20 日晚上，我是在醫院裡度過的，等著事情一件件來！我只睡了兩個小時，又發高燒，就去教費曼物理學的第一堂課，這樣的開場眞難得。

順便提一下，令堂愛麗絲（羅伯・雷頓的太太）實在非常有心。她打電話來說：「我先生害你被費曼課程綁住了，我覺得過意不去。我知道你們年輕夫妻才剛開始成家立業，所以我訂購尿布收送服務，送給你們，希望能幫得上忙。」那的確幫了大忙。

總之，剛剛說過，我教費曼物理學其實很輕鬆，因爲學生非常優秀——給他們一點機會，他們就會好好利用。我想，他們在我指導下，比起在費曼教的時候，其實可以有更多發揮，因爲除了費曼教材之外，還有人教他們如何應用費曼教材。

你可能知道，費曼教那門課時，一半以上的助教是教授。其實，即使我在講這門課時，也有好多位教授是演習課助教，其中一位助教是洛利臣（Tommy Lauritsen）。他出力很多。我講課時，他每堂課都到，事後告訴我講得好不好，哪裡可以改進等等。那時候大家把擔任助教，視爲講授費曼物理課程的必要歷鍊。我教了兩年後，就由洛利臣接手，他是下一任的費曼物理課程老師。

羅伯．雷頓教這門課時，我帶演習課，把費曼課程的內容學得滾瓜爛熟。如果少了這個訓練，我教費曼課程一定教不好。在當助教時，我就已經掌握到學生的需求在哪裡——哪些方法有效，哪些方法無效。後來，即使我自己在教這門課時，我同時也帶一班演習課，因爲我想知道學生吸收得如何，以及我該如何改進。班上只有十來二十位學生時，可以得到很多回饋意見；然而在大班講課時，回響就很有限，因爲大家忙著抄筆記和聽講。有時講課後可留下來回答學生的問題，不過畢竟還是不同。但是當你給他們作業、跟他們討論作業，就可以知道這些學生是不是眞有能力解物理題目。

針對作業這件事，我的理念跟他們現在的做法很不相同。現在的做法是，該交作業的那天，他們就把解答印給大家，或者用去年的解答，因爲出的作業也是沿用去年的。我完全反對這種做法。我們要掌握學生的心理——若作業不會寫，完全不知道下一步該怎麼做的時候，你自然會想看一下解答，來克服障礙。可是，很快的，你會愈來愈早就去翻看答案。因此我把我的想法跟學生說明清楚，我說：「我希望你們要先嘗試自己單獨解習題。如果某一題你想了二十分鐘，還是想不出來，才去找同學討論。不要覺得不好意思。有的時候你只是碰巧沒有想通，沒抓到要領，同學給你指點一下，你就會解了。不過，一旦你了解了問題，就回到你自己的房間，獨力把答案寫出來，而不要抄別人的答案。」

有時候會有第三階段：我說：「如果幾個同學在一起想了半個小時，仍然百思不得其解，就可以打電話問我。」可是我忘了學生都是半夜才做功課的。因此，清晨兩、三點我會接到電話：「我們習題做不出來！我們花了一整個小時，還是想不出來怎麼做！」

高利伯：我會在作業裡面附上一題：「你認爲打電話給教授時，最晚不要超過幾點？」〔笑〕

沃革特：話說回來，他們肯打電話來，我還是感到很欣慰。年輕時，凌晨三點起床，花十五分鐘跟學生講電話，再回去睡覺，沒什麼大不了的。而且，小嬰兒本來就在隔壁房間哭鬧！學生的問題起碼我還知道怎麼解決；碰到嬰兒哭鬧，我根本一籌莫展，不知該怎麼辦。

回答你（拉夫・雷頓）的第一個問題，我在費曼課程所扮演的角色。我認爲自己像天主教的侍僧，幫忙詮釋大師的道理，是費曼跟學生之間的橋梁。我還有另外一個任務，就是出練習題，跟羅伯・雷頓一起出題目。他很有影響力：他逼我出題目！我們把題目分爲 A 、 B 、 C 三個等級。他常說：「我們需要多幾題 A 的，或是多幾題 B 的。」通常， C 級的題目很多，也是最難的。他都很清楚還欠什麼題目。有時候他自己出題，但是多半時候他會說：「你去想想、設計幾個問題吧！我知道你有能力達成。」他的風格就是這樣：他覺得每個人都有能力勝任一些任務；只是需要別人敦促鼓勵一下。他不覺得他在勉強我，他覺得他是在幫我把事情做好。

過了很多年，我有一次「作弊」，用別人的題目給學生練習。那時我的偶像泰利地（Val Telegdi）出版了一篇重要論文，計算電子的 g 因子。文章刊登在《*Nuovo Cimento*》（義大利物理期刊），我記得長達 65 頁，大部分是我看不懂的數學式子。我瀏覽了這篇論文，心裡想：「要看懂這篇要花好大功夫啊！」不過，我想起來費曼給大二學生上的量子力學內容。我知道同一個問題可以用費曼物理學來解答。所以我就給大三學生出這個作業題目：「計算電子的

g因子。」

班上學生超過一半做出來了。話說回來，我這樣做有一點取巧，因爲不可能用費曼教大二學生量子力學的那種風格，去解所有的問題，但是像這個題目或某些問題，正好可以運用費曼物理學來解。學生感到無比自豪：只花一頁半的篇幅，他們就算出泰利地用65頁冗長數學公式，才算出來的物理量。因此學生覺得費曼的量子力學很簡潔優雅，事實的確如此。

我還想起另一件事，在早期教費曼物理課程的年代，每個星期三，大約六到十位物理老師會一起吃午餐（我們自備牛皮紙袋裝的簡餐，或是去帕沙迪納的墨西哥餐廳）。成員有羅伯．雷頓、紐格包爾、以及其他人。我們聚餐時就是討論教學：哪些效果好，哪些效果差，該如何改進。彼此之間都毫不保留，互相支援，讓彼此成爲更優秀的教師，因爲大家都誠心幫忙。另外，到了週末，星期五下午在洛利臣他家聚會，大家放輕鬆，享受馬丁尼。我們談的都是學生跟教學的事。我們討論研究是在其他時段，因爲每個人研究領域不同，對別人的研究的評價也意見分歧。當然，大家都覺得自己的研究最精采。但是，談到教學，我們都很想知道別人怎麼教，因爲可以互相切磋學習。當初並沒有誰規定我們要這麼做，只是1960年代初期，加州理工學院有這樣的氛圍，自然而然就發生了。

費曼物理課程就是這樣誕生了。據我了解，是在洛利臣家中，大家一邊喝酒討論出來的。他們在想怎樣改進教學，山德士就想到把費曼拉進來參與。

就是像這樣的聚會，讓我看到，大學如何可以營造令人受益良多又溫馨的氣氛——因爲大學裡有學生，學生讓教授可以凝聚、團結。我們當年常聚會，是爲了學生，不是爲自己的研究。當然，我們也會個別碰面，洛利臣就常到我的實驗室來，問我：「你最近在做什麼？」而且會提出很好的建議，不過這種聚會通常是一對一的。爲學生而聚會，是很多教師來參與的。我在那間大教室講課時，後排經常有三、四位教授來聽。不是因爲他們不信任我，也不是要監視我，而是他們很好奇，想知道我怎麼教的，有什麼可以學習的。當時的院長，安德森，每隔一週也會來聽我的課。每個人都會告訴我，他們的感想和建議。這就是費曼精神。

你要知道，當年費曼教這門課時，後排座位擠滿了教授在聽講。他們聽得津津有味，聚精會神。因爲養成習慣了，連我這樣平凡、無趣的人在教課時，他們也來聽，因爲已經成了共同行爲模式了。這一點很重要。也正是我感到遺憾的地方，因爲今天看不到這樣的精神了。

最後還有一點：當年我負責課程的所有事情。我要出作業，也要出隨堂小考的題目，也要出期末考題，都是我自己來，沒有別人幫我分擔。我也不會要求別人幫忙，因爲該出什麼題目，我自認爲最懂。除此之外，我還帶資優班的演習課，而且我還督導大一實驗課，在當時這樣的教學負擔視爲正常。現在，我想教學負擔只有當年的四分之一。目前大部分的教授每年只教兩個學季，而每學季只教一門課。

不過，我也要說句公道話：我體認到，我們當年的做法在今天的環境已經不可能了，因爲現在的教授要花很多時間去籌研究經費，還要說明他的研究值得做。不過，那又是另外一個話題了。

第1章 必須先知道的數學知識

複習課第一講

1-1 複習課介紹[1]

這三堂同學們可以選擇要不要出席的課將會很枯燥，原因是它們只是炒冷飯而已，內容以前都講過，完全沒有增加新的材料。所以我看到有這麼多人來聽課覺得非常意外。老實說，我今天倒是希望沒什麼人出現，那麼這幾節課就可以省去了。

我們之所以在這時候把課程暫緩下來，目的是要給你們時間去思考事情，去回味前此在課堂上聽到的種種。我這話也許聽起來很奇怪，其實這是學物理最有效的方法。到教室來聽我替你複習並不是個好主意，比較好的辦法是你自己去想辦法複習。所以我要勸告你——只要你還沒有太跟不上我們的課，還沒有完全搞不清楚狀況，以致於對一切都感到困惑——最好忘掉我這幾堂複習課，回去自己摸索，在不先釘住某一個特定方法去苦讀的情況下，試著從課堂上聽到過的東西中，找出你認為很有趣的部分。

你若是自己挑選一個有趣的問題去玩弄：它可以是某樣你聽到時覺得完全陌生不懂的事物，或是懂得少許皮毛、卻希望能做進一步分析的，或是你對它已有相當程度的瞭解、但想利用它弄點什麼花樣等等——到頭來你會發現，不但學習效率比來聽我講複習課要好得不成比例，學習過程遠為輕鬆愉快，得到的結果也圓滿得多。由學習者主動去思考是學習任何事物的最佳方式。

我們到目前為止已經上了的課是一門嶄新的課程，而這門新課程是設計來解答一個、我們認為一直存在的問題：那就是沒有人知道應該如何教好物理學，或是如何教育人——這是一件事實，如果你不喜歡目前的教學方式，那也是頂自然的事情。事實上，要教到讓每個人滿意是不可能的任務：數百年，甚至更久以來，人們就一直想找出最好的教育方法，顯然至今尚未研究出來。所以如果有人對這門課感覺不滿意，那也不是什麼特別的事。

我們在加州理工學院經常變動課程，目的當然是希望能夠改進這些課程，今年我們又再一次更動了大一物理。往年對這門課的一大抱怨是，班上成績頂尖的學生認爲，課程中整個力學部分單調乏味，他們得花費很多時間去啃教科書、做練習題、上複習課、準備應付考試，以致於根本沒有時間去想任何其他事情。課程沒有趣味，也沒有說明和近代物理的關係等等。我們這次的新課程設計就以去除這些缺點爲目標，也就是說在某種程度上，幫助那些程度較好的學生，讓課程內容更爲有趣，並且在可能範圍內，盡量跟宇宙間其他事物接軌。

另一方面，這樣的教學方式也有其缺點，它會令許多學生搞不清楚他們該學的重點，或者這麼說罷，由於內容牽涉得太多太廣，學生不可能全部學完，而且因爲他們還沒有聰明到可以看出哪些部分合乎他們的興趣，可以把注意力集中於其上。

因此，我今天上台幫助的對象，是那些覺得這門課讓他非常困惑、非常厭煩、坐立難安的人，也就是那些不知該念哪些部分的人。至於其他並不覺得自己一頭霧水的人，實在沒有理由待在教室裡。所以我現在給這些人機會離開教室……[2]

[1] 原注：（原文版的）所有注腳皆來自作者（費曼除外）、編輯、或其他參與者。

[2] 原注：但是這時候並沒有人起身離開。

或者我眞的是全然失敗，因爲我讓**每個人**都跟不上了！（或許你們留在這裡只是想找點樂子而已。）

1-2 加州理工學院之牛後

好啦，我就想像你們之中有一位走進我的辦公室說：「費曼，我聽了你講的每一堂課，參加了期中考，現在正在做練習題，但我一題也做不出來。我想我是班上最差的學生，我不知道該怎麼辦才好。」

你想我會對他說什麼呢？

首先我會指出：進到加州理工學院上大學，在某些方面固然有利，但也有其他的缺點。那些有利的方面或許你也曾知道，只是現在忘掉了；它們主要是跟這所學校具有極佳的聲譽有關，這個美譽可不是浪得的虛名。這所學校提供了非常好的課程（我不知道我們**這**門課在別人心目中的分量如何，當然我對它有自己的看法）。從加州理工學院畢業的人，無論他們是進入工業界、或者是從事研究工作等等，總是會告訴別人說他們在這兒受到了非常好的教育，而當他們拿自己跟其他學校的畢業生比較時（雖然許多其他學校也是非常的優秀），他們從來不會覺得自己的本事不如人、或是少學了些什麼。他們永遠覺得自己進了最好的學校。而這些當然是個優點。

但是進來這裡也有缺點：加州理工學院校譽這麼好，幾乎所有高中畢業班的第一、二名都申請要來這裡。美國高中何其多，而全部高中應屆畢業的男學生[3]中最優秀的都來申請。我們研擬出一套選拔辦法，包括了各式各樣的測驗，所以每年我們通知來報到的新生，都是從最優秀中選出來的頂尖者，所以，在座的同學都是從各校經過精挑細選才來到這兒。但是同時我們也發現了一個非常嚴重而且無解的問題：那就是不論我們在審核入學申請時如何細心的挑選、如何有耐性的分析，在新生入學之後卻有件大家都不願見到的事情發生：**永遠都有一半左右的學生，成績低於班上的平均！**

瞧你們笑得多開心，因為對於理智的人來說，這是個必然的結果，但是在感情上，我們卻笑不出來！你一向理科成績冠於全班，或是班上第二名（或甚至只是**第三名**），你印象中那些理科成績低於全班平均的高中同學，根本是白癡。你現在突然發現，**自己**居然掉到了全班平均之下——且有半數同學**都是**——這個打擊特別嚴重，因為在你的想像中，自己就跟高中時代那些傢伙一樣笨。這也就是來加州理工學院念書的大缺點：這個心理打擊叫當事者很難承受。當然啦，我不是心理學家，這全都是我推想的，我當然並不知道實際的情形究竟**是**如何！

問題是一旦你發現自己掉到班平均之下時該如何因應。有兩個可能。第一，一開始你可能覺得晴天霹靂，無法接受，以致於想輟學算了——這是情感問題。你可以運用理智撫平受創的感受，就用我剛才強調的那點：雖然學生個個都是菁英，但一樣會有一半的學生掉到平均之下，所以平均在這兒已經失去意義。你瞧，如果此後四年裡面，你能都不給這個無聊的想法跟奇怪的感受擊倒，那麼當你畢業進入社會後，你將發現你的世界又回復到進入加州理工學院

[3] 原注：1961年時，加州理工學院只收男生。

前的那樣——比方說，你在某處找到差事，你會很高興發現你又成了那裡大家仰仗的**第一號人物**，任何人在工作場合一遇到搞不清楚幾英寸應該是幾公分之類的問題時，想到的就是要找你這位專家！這可是千眞萬確的事實：那些進入工業界去任職，或是到物理系名聲不是超強的小學校去的人，即使他們的在校成績只是倒數三分之一、倒數五分之一、甚或是吊車尾的**十分之一**——只要他們不試圖鞭策自己（這點容我稍待一會兒再解釋），那麼他們會發現自己非常受人歡迎，在這兒學到的知識非常管用，而且又回到了高中時代的地位：快樂的老大。

另一個可能是，你也許會犯下錯誤：有些人的個性很倔強，無論什麼都堅持要求自己當上第一名。譬如，無論如何，畢業後就是要進研究所，雖然他們在修這門入門課的成績在班上吊車尾，可是仍然要進入頂尖的研究所、且堅持要成爲最出色的博士。結果多半是大失所望，而且會讓自己痛苦**一輩子**。因爲他們注定永遠得在最頂尖的團體中敬陪末座！這的確是個問題，但關鍵是你自己——跟你的個性有關。（記住，我是在對那些發現自己成績落在倒數十分之一，而衝進我的辦公室的同學講話。絕不是對那些考試成績在前十分之一，而很快樂的另一群同學說的，反正他們是極少的一群！）

所以如果你能接受這個心理上的打擊——如果你能告訴自己：「不錯，我是在班上的後三分之一裡，但是沒關係，我並不孤單，班上有三分之一的同學跟我的情況一樣，那是**必然**的現象！我在高中時曾是班上第一名，我現在腦子仍比一般人聰明得多。這個國家此時需要科學家，而我有志要成爲科學家，等我從這所學校畢業後，我不會有任何問題！我有信心會變成**優秀**的科學家！」——那麼這一定會實現：你會變成優秀的科學家。唯一的麻煩是，儘管理智上你知道是這樣，但在這四年內，你能否也按捺得住情緒上那種古怪感覺。如果你發覺不能心平氣和的面對，我想你最好的打算是轉學，那並不表示你失敗了，純粹是情緒罷了。

即使你的成績是全班墊底的幾名之一，那也不意味你一點長處也沒有。你必須到校外去跟一般大學生比較，而不應該是跟這些極頂尖的加州理工學院學生去比。因此，我今天花時間來幫你們複習，對象是在這門課裡迷途的同學，希望能有個機會在此多留久一些，讓他們能有多一點的時間決定將來的去留。好吧？

現在我還要指出一點：這幾堂複習課並非爲了幫你們準備考試，我對考試一無所知——我的意思是出題的事不歸我管，我不知道考試卷上會出現什麼考題，所以我無法保證將來試卷上的題目，會不會跟這三堂複習課上的東西有關，或者有諸如此類的無聊聯想。

1-3 學物理所需的數學

所以，跑進我辦公室的那位同學要求我，把教過的內容再講清楚，我所能幫上忙的地方也就在此。所以問題就是試著把教過的東西解釋清楚。我們現在就開始複習吧。

我會對這位同學說：「你必須學習的第一件事是數學，其中最重要的是微積分，而微積分又起始於微分。」

要曉得，數學是非常美麗的學科，內涵非常豐富。然而我們是爲了**物理目的**而學數學，所以只要夠用、愈精簡愈好。我在這兒對數學的態度似乎「不很尊重」，理由僅只爲了顧及學習效率，並非有意貶抑數學。

由於我們使用微分非常頻繁，爲了不要因它而誤事，因此學習微分必須學到如同我們知道3加5、或5乘7的答案那樣純熟自然。當你寫下任何式子，你應該能不假思索的即刻把它微分，而且有把握絕對不會出錯。你將發現你時時刻刻都在做這件事——不只是物理，其他科學也是如此。所以微分就好像你在學代數之前，必須先學好的算術一樣。

我要順便指出，學物理同樣也需要代數：物理會用到很多的代數。不過我假定你們都是代數高手，即使在睡夢中、倒立時做代數題目都不會出錯。我們知道這個假定不見得正確，所以你也應該增強代數能力，沒事時多寫些式子，多做些練習題，而且注意絕不能犯錯。

演算代數、微分、積分時發生錯誤是無意義的事情，不只會把物理攪和成不倫不類，也會在你試圖分析事物時，讓你的腦子亂成一團。總之，你應該能夠盡快的計算，並且盡可能不發生錯誤。要做到如此，唯一的法門就是反覆的練習。就像你讀小學時，自己做出一份九九乘法表一樣：老師寫滿了一黑板的數字，你上去解答：「幾乘幾等於多少、幾乘幾等於多少，」等等一大堆東西！

1-4 微分

你必須用同樣的方法來學習微分。準備一些卡片，在上面寫上各式各樣的函數式子，例如：

$$
\begin{aligned}
&1 + 6t \\
&4t^2 + 2t^3 \\
&(1 + 2t)^3 \\
&\sqrt{1 + 5t} \\
&(t + 7t^2)^{1/3}
\end{aligned}
\tag{1.1}
$$

等等。每張上寫個一打式子，把這些卡片揣在口袋裡，隔一陣子就掏出來看看，用手任指一個式子，唸出它的導函數來。

換句話說，你應該能夠馬上看出以下的結果：

$$
\begin{aligned}
\frac{d}{dt}(1 + 6t) &= 6 \\
\frac{d}{dt}(4t^2 + 2t^3) &= 8t + 6t^2 \\
\frac{d}{dt}(1 + 2t)^3 &= 6(1 + 2t)^2
\end{aligned}
\tag{1.2}
$$

懂了吧？所以第一件事是要記得如何求導函數 —— 這沒得商量，是必要的練習。

接下來是要微分比較複雜的式子，如果要被微分的東西是一堆函數的和，那容易：它的導函數也就是其中每一項各取導函數後之總和。我們的物理課程在目前這個階段，只需要知道一些函數的微分，這些函數不會比上述的函數或它們的和更爲複雜，所以依我們複習的精神，我應該就此打住。不過有一個用來微分複雜函數的公式，非常有用，但是在微積分課裡，這個公式通常不會以我現在要教你的形式出現。你以後也不會學到這個公式，因爲沒有人會教你，但是知道這件事是很有用的。

假如我想微分下面這個式子：

$$\frac{6(1+2t^2)(t^3-t)^2}{\sqrt{t+5t^2}(4t)^{3/2}}+\frac{\sqrt{1+2t}}{t+\sqrt{1+t^2}} \tag{1.3}$$

現在的問題是，如何迅速算出答案，以下就是一個便捷的方法（它們只是法則而已，我把數學簡化至很低的程度，因爲我想幫助的對象是那些跟不上的同學），請注意看！

首先，你把同一個式子再抄一遍，不過在每一項的後面加上一個括弧：

$$\begin{aligned}&\frac{6(1+2t^2)(t^3-t)^2}{\sqrt{t+5t^2}(4t)^{3/2}}\cdot\Bigg[\\&+\frac{\sqrt{1+2t}}{t+\sqrt{1+t^2}}\cdot\Bigg[\end{aligned} \tag{1.4}$$

其次，你得依次在那些括弧中填上一些式子，等你填完之後，出現的整個函數式子就是你所要的導函數。（你把式子再寫一遍，就是要避免漏失。）

現在，查看一下每一項，然後劃一條橫線，將它當作是分數中的隔線，然後依規矩分別把式子放在分母與分子：首先把第一項 $1+2t^2$ 放在分母，然後將此小項的乘冪（也就是 $+1$，因爲這第一項是$(1+2t^2)$的一次方）寫在橫線之前，而這第一小項的導函數，也就是 $4t$，則寫在橫線上面當作分子。這個小項處理完後上面的式子就成了這個模樣：

$$\frac{6(1+2t^2)(t^3-t)^2}{\sqrt{t+5t^2}(4t)^{3/2}}\cdot\left[1\frac{4t}{1+2t^2}\right.$$
$$+\frac{\sqrt{1+2t}}{t+\sqrt{1+t^2}}\cdot\left[\right. \tag{1.5}$$

（前面的6該如何處理？答案是不用理它，因爲從任何常數的導函數都是0，有它沒它都一樣，不信你可以試試看：「6成爲分母、冪次爲1，寫在前面，然後導函數爲0，寫成分子。」）

下一項：t^3-t做爲分母，其乘冪 +2（因爲這一項是(t^3-t)的平方）放在橫線前面，再把t^3-t的導函數$3t^2-1$當分子。再下一項是把$t+5t^2$做爲分母，其乘冪$-1/2$（因爲$\frac{1}{\sqrt{t+5t^2}}=(t+5t^2)^{-\frac{1}{2}}$）放在橫線之前，再把$t+5t^2$的導函數$1+10t$做爲分子。最後一項的分母爲$4t$，其乘冪$-3/2$寫在橫線之前，再把$4t$的導函數4做爲分子，於是塡妥了第一個括弧，上式就成爲：

$$\frac{6(1+2t^2)(t^3-t)^2}{\sqrt{t+5t^2}(4t)^{3/2}}\cdot\left[1\frac{4t}{1+2t^2}+2\frac{3t^2-1}{t^3-t}-\frac{1}{2}\frac{1+10t}{t+5t^2}-\frac{3}{2}\frac{4}{4t}\right]$$
$$+\frac{\sqrt{1+2t}}{t+\sqrt{1+t^2}}\cdot\left[\right. \tag{1.6}$$

接著，我們來塡下一個括弧，第一項的乘冪爲$+1/2$（因爲我們要處理的是$\sqrt{1+2t}=(1+2t)^{\frac{1}{2}}$），而$1+2t$的導函數爲2。下一項要處理的是$\frac{1}{t+\sqrt{1+t^2}}$，它的乘冪爲$-1$，將$t+\sqrt{1+t^2}$放在分母，它的微分有兩項（這是唯一比較難的計算）：也就是 $1+\frac{1}{2}\frac{2t}{\sqrt{1+t^2}}$。各歸其位之後，上式變成了：

$$\frac{6(1+2t^2)(t^3-t)^2}{\sqrt{t+5t^2}(4t)^{3/2}}\cdot\left[1\frac{4t}{1+2t^2}+2\frac{3t^2-1}{t^3-t}-\frac{1}{2}\frac{1+10t}{t+5t^2}-\frac{3}{2}\frac{4}{4t}\right]$$
$$+\frac{\sqrt{1+2t}}{t+\sqrt{1+t^2}}\cdot\left[\frac{1}{2}\frac{2}{(1+2t)}-1\frac{1+\frac{1}{2}\frac{2t}{\sqrt{1+t^2}}}{t+\sqrt{1+t^2}}\right] \tag{1.7}$$

這就是原來那個式子的導函數。所以你瞧，只要記住這個技巧，你就能夠微分**任何**東西了——除了正弦、餘弦、對數等函數。但是正弦、餘弦等函數的微分也各自有其簡單法則，學起來一點也不困難。等你知道了那些法則，配合上我剛才所講的這套微分技巧，即使所要微分的函數中出現了正切或任何其他函數，也無法難倒你。

剛才在我把式子寫下來時，我注意到你們有些憂慮這個式子太過複雜。現在我想你們已經能瞭解，這個微分方法的確好用，因爲無論式子有多複雜，答案都能馬上算出來。

這方法的概念是，若函數的形式爲 $f=k\cdot u^a\cdot v^b\cdot w^c\cdots\cdots$，該函數對 t 微分所得到的導函數是

$$\frac{df}{dt}=f\cdot\left[a\frac{du/dt}{\mathrm{u}}+b\frac{dv/dt}{\mathrm{v}}+c\frac{dw/dt}{\mathrm{w}}+\cdots\right] \tag{1.8}$$

（式中的 k 及 a、b、c⋯⋯爲常數）。

然而在這門物理課程裡，我們不會碰上那麼複雜的函數，大概

很難有機會用到這個方法。無論如何，這是我做微分的方法，現在我在這方面可是得心應手，現在就讓我們開始吧。

1-5 積分

接下來我們來看積分，也就是微分的反向操作。你們應該同樣盡快把積分學好，只是積分不像微分那麼容易，但你應該能夠在腦中記住一些簡單的函數。你不必要能夠積分出每個函數，比方說，$(t+7t^2)^{1/3}$ 就不是可以輕鬆積分的函數，但是下面所舉的其他例子，它們的積分則幾乎一眼就看得出來。所以在你練習積分時，請注意選擇那些容易積分的式子：

$$\begin{aligned}
\int (1 + 6t)\, dt &= t + 3t^2 \\
\int (4t^2 + 2t^3)\, dt &= \frac{4t^3}{3} + \frac{t^4}{2} \\
\int (1 + 2t)^3\, dt &= \frac{(1 + 2t)^4}{8} \\
\int \sqrt{1 + 5t}\, dt &= \frac{2(1 + 5t)^{3/2}}{15} \\
\int (t + 7t^2)^{1/3}\, dt &= ???
\end{aligned} \tag{1.9}$$

關於微積分，我所要講的就是這些了，接下來得靠你自己了：你必須去練習微分跟積分——當然，還有代數運算，才能化簡(1.7)式那樣複雜的式子。老老實實的多多練習代數跟微積分——這是你應該做的頭一件事。

1-6 向量

跟我們課程有關的另一項純數學是向量。首先你必須知道向量是什麼，如果你對它毫無感覺，我就不知道該怎麼辦了：我必須跟你交談之後，才能瞭解你的問題所在——除此之外別無他法。向量像是朝某個方向的**推**，或有一定方向的**速率**，或有一定方向的**移動**——在紙上表示向量的方式，就是畫一根指向那個特殊方向的箭號。

比方說，我們要表示作用於某樣東西上的一個力時，我們可以畫一根箭號，箭頭指向該力作用的方向，而箭的長度代表該力的強度，比例可以隨意設定——不過在該比例設定之後，問題中所有力的大小也必須依據此比例來表示。例如，有另一個力，強度是前一個力的**兩倍**，則你必須畫一根**兩倍**長的箭號來代表這一個力。（見圖 1-1）

有了這樣的基本認知之後，我們便可以施一些操作於向量上頭。譬如說，如果有兩個力同時施加於一個物體之上——例如兩個

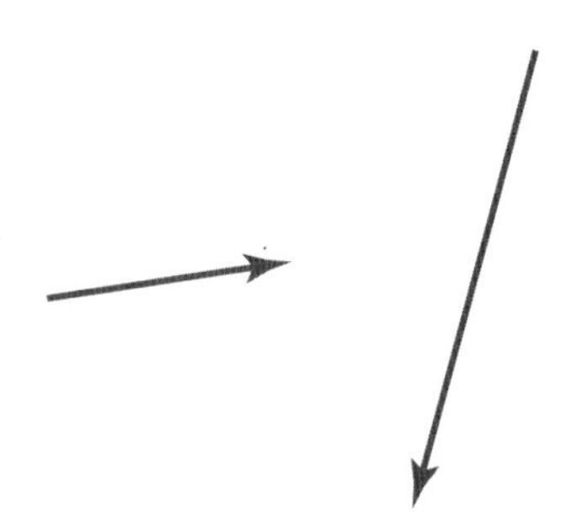

圖 1-1 用箭號表示的兩個向量

人正在推同一件東西——那麼這兩個力可以分別以箭號 **F** 跟 **F′** 代表。在我們畫這類向量圖時，雖然向量的位置一般而言並不具任何意義，但是爲了方便起見，通常我們會把箭號的尾巴放置在施力點上。（見圖 1-2）

如果我們想知道這兩個力的淨力或合力，就要把這兩個向量加起來。我們可以在圖上做這件事情：將一個向量的尾端移到另一個向量的頭（箭號的平移不會改變它所代表的向量，因爲它的方向跟長度在移動前後都沒有發生變化），那麼 **F** + **F′** 這個向量就是從 **F** 的尾端到 **F′** 的箭頭端點（或是從 **F′** 的尾端到 **F** 的頭）此一箭號所代表的量，如圖 1-3 所示。這樣把兩個向量相加起來的方式，有時稱做「平行四邊形方法」。

從另一個角度看同一個問題，假設同樣有兩個力同時對一件物體使勁，而我們只知道其中的一個力 **F′**，另一個力我們不清楚，我們姑且稱它爲 **X**。這時候如果我們可以從實驗或其他方法得知兩者

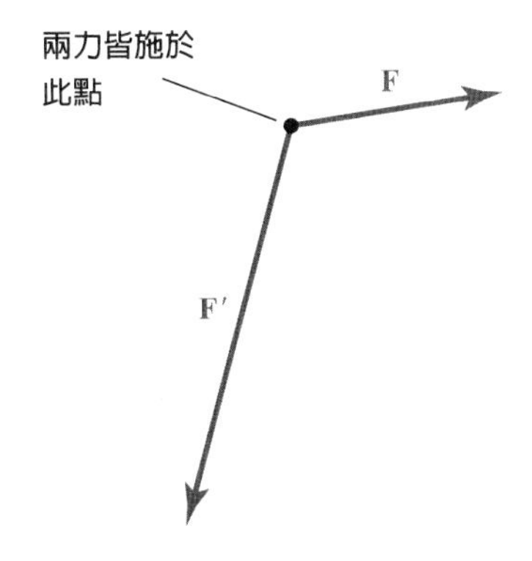

圖 1-2　作用於同一點的兩個力的表示法

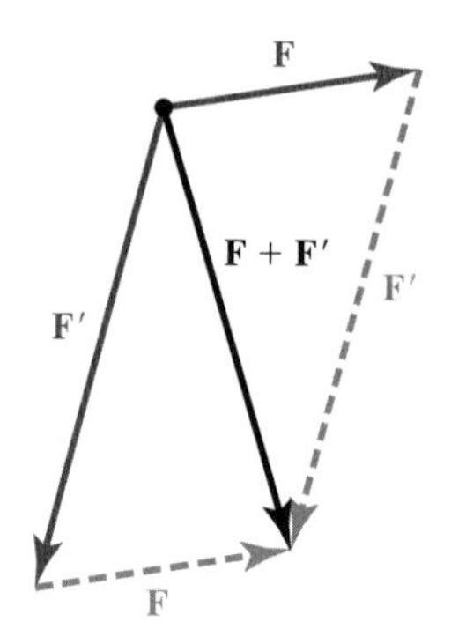

圖 1-3　用「平行四邊形方法」將向量加起來

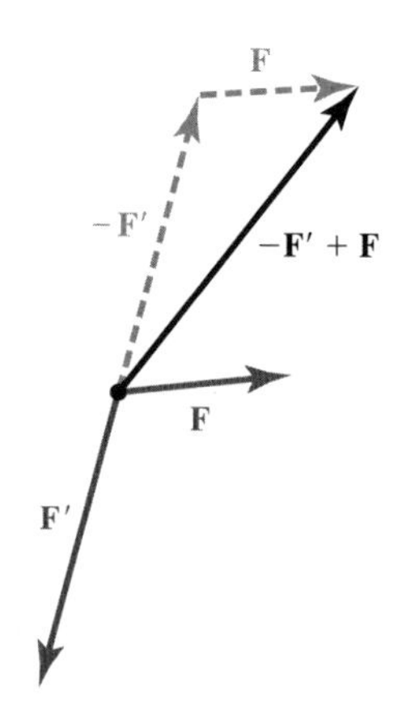

圖 1-4　做向量相減的第一個方法

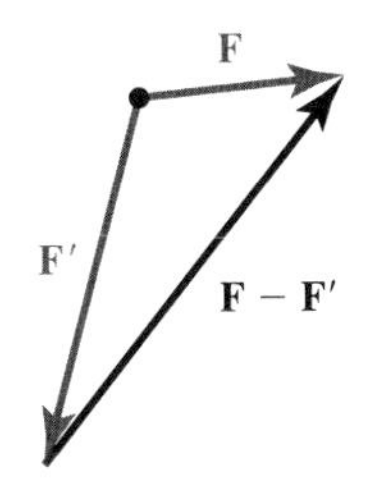

圖 1-5　做向量相減的第二個方法

的合力為 **F**，那麼這三個力之間的關係就是 **F′** + **X** = **F**，也就是 **X** = **F** − **F′**。所以，如果想求出 **X**，你得知道如何取兩個向量的差。怎麼去取這個差呢？你有兩個選擇：第一個是你可以把 −**F′**看作是一個向量，−**F′**跟 **F′**的大小相同只是方向相反，然後把它和 **F** 加起來。（見圖 1-4）

第二個方法更簡單，你只需要畫一個向量，它是從 **F′**的箭頭端點到 **F** 的箭頭端點，這個向量就是 **F** − **F′**。

不過第二個方法有個缺點，那就是你可能會像圖 1-5 所示的那樣畫出向量，雖然 **F** − **F′**的方向與大小都對，但是其施力點並**不是**位於箭號的尾端，所以在實際應用上你得特別小心。如果你有些擔心會弄錯了，或是認為可能造成觀念上的混淆，則用第一個方法就好（見圖 1-6）。

除兩向量之相加、相減外，我們還可以把向量投影到某一個方向上。譬如說，我們想知道某一力 **F** 在「x」方向上的大小（稱為 **F** 在該方向上的**分量**），要怎麼辦呢？其實很簡單：我們只須把代表 **F** 的箭號垂直投射到 x 軸上即可，這個在 x 軸上的投影長度就是該

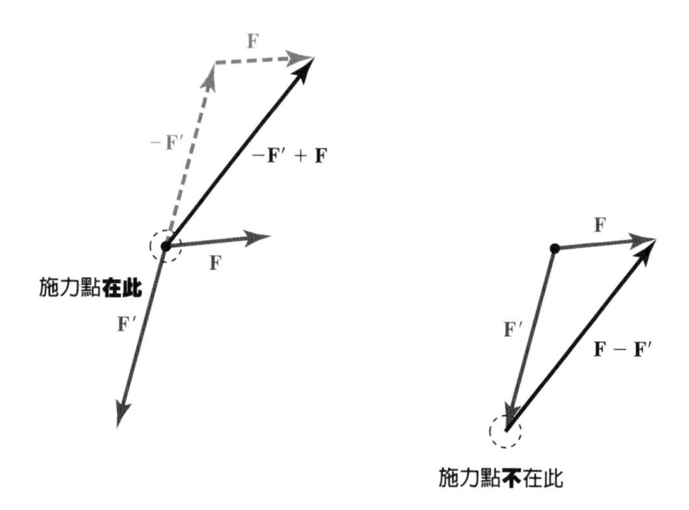

圖 1-6　施於同一點的兩個力相減

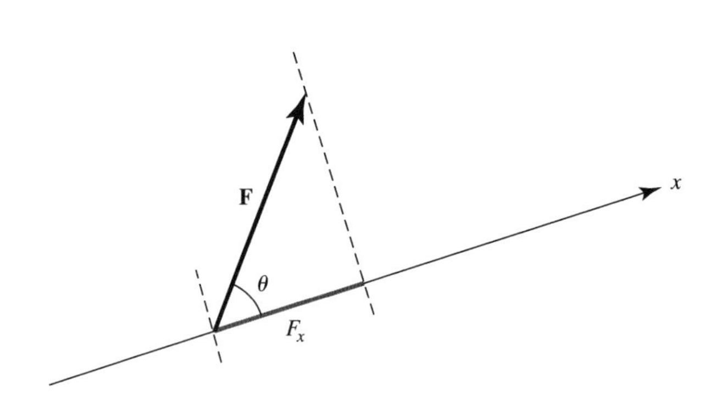

圖 1-7　向量 **F** 在 x 方向上的分量

力在該方向上的分量，稱爲F_x。以數學式子表示，F_x等於**F**的**大小**（我使用的表示方法是 |**F**|）乘以**F**跟x軸之間夾角的餘弦值（見圖1-7）。亦即

$$F_x = |\mathbf{F}| \cos\theta \tag{1.10}$$

接下來，如果**A**跟**B**加起來得到**C**，那麼它們各自在「x」方向上的垂直投影，顯然也有相同的關係。所以向量和在某一方向上的分量，等於個別向量在該方向上分量之和，**任何方向**都不例外（見圖1-8）。亦即

$$\mathbf{A} + \mathbf{B} = \mathbf{C} \Rightarrow A_x + B_x = C_x \tag{1.11}$$

有個方法特別方便，就是把向量以它在互相垂直的座標軸x跟

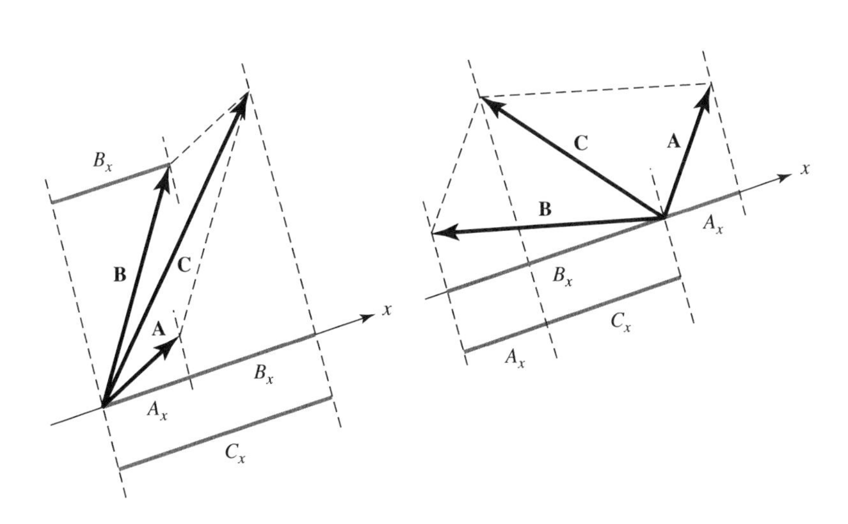

圖1-8　向量和之分量等於各組成向量分量之和

y 上的分量來表示（當然應該還有 z 座標軸，這世界有三個空間維度，但我老是忘了這件事，原因是我習慣在黑板上畫平面圖！）如果在 x-y 平面上有個向量 **F**，而我們知道它在 x 方向上的分量，但此一知識並不足以完整的定義 **F**，因爲在 x-y 平面上，有許多不同的向量，在 x 方向上具有相同的分量。但是如果我們也知道 **F** 在 y 方向上的分量，**F** 就能夠完全確定。（見圖 1-9）

F 分別在 x、y、跟 z 軸方向上的分量可寫成 F_x、F_y、跟 F_z。前面我們講過，把向量相加等於把向量的分量相加起來，所以如果另有一向量 $\mathbf{F}'$，則 $\mathbf{F}'$ 在各座標軸上的分量可寫成 F'_x、F'_y、跟 F'_z，那麼 $\mathbf{F}+\mathbf{F}'$ 的分量就應該各爲 $F_x+F'_x$、$F_y+F'_y$、和 $F_z+F'_z$。

以上部分都很容易，接下來的要稍微困難一點。有一個方法可以把兩個向量相乘起來，而得到一個**純量**──純量是不受座標改變影響的數字。（事實上，另有一個把向量轉變成純量的方法，以後我會講到。）如果座標軸改變了，那麼向量在各座標軸方向的分量勢必隨著改變──但是向量之間的角度以及它們各自的大小則保持不變。如果 **A** 跟 **B** 爲向量，它們之間的夾角爲 θ，我可以取 **A** 的

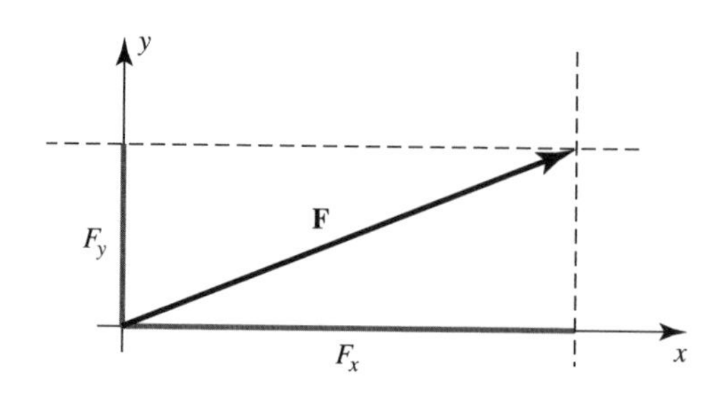

圖 1-9　兩個分量能把 x-y 平面上的向量完全確定

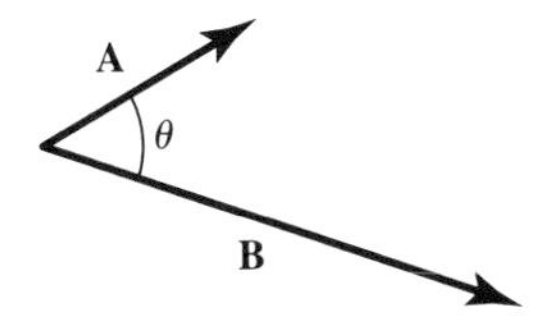

圖 1-10 兩個向量之點積 $|\mathbf{A}||\mathbf{B}|\cos\theta$ 在任何座標系統中都相同

大小、乘以 **B** 的大小、再乘以 θ 之餘弦，而稱呼此數字爲 $\mathbf{A}\cdot\mathbf{B}$（唸做「**A 點 B**」，見圖 1-10）。所得到的乘積就叫做「點積」（dot product）或是「純量積」（scalar product），它跟所用的座標系無關：

$$\mathbf{A}\cdot\mathbf{B}=|\mathbf{A}||\mathbf{B}|\cos\theta \tag{1.12}$$

從上式中顯而易見，因爲 $|\mathbf{A}|\cos\theta$ 就是 **A** 在 **B** 上的投影，所以 $\mathbf{A}\cdot\mathbf{B}$ 等於 **A** 在 **B** 上的投影乘以 **B** 之大小。同樣的，又由於 $|\mathbf{B}|\cos\theta$ 就是 **B** 在 **A** 上的投影，所以 $\mathbf{A}\cdot\mathbf{B}$ 也等於 **B** 在 **A** 上的投影乘以 **A** 之大小。不過我自己認爲，對於點積是什麼，最容易記的是 $\mathbf{A}\cdot\mathbf{B}=|\mathbf{A}||\mathbf{B}|\cos\theta$，只要記得這條公式，其他相關說法都馬上一目瞭然。由於同一件事有很多不同的敘述方式，你如果要將它們都記下來就太麻煩了，所以用不著一一去記住它們——待會兒我還會再解釋得更詳盡些。

我們還可以利用 **A** 跟 **B** 在任意一組座標軸上的各個分量來定義 $\mathbf{A}\cdot\mathbf{B}$。如果我們隨意定出一套方位不拘、相互垂直的三個軸 x、y、z，那麼就會等於：

$$\mathbf{A}\cdot\mathbf{B}=A_xB_x+A_yB_y+A_zB_z \tag{1.13}$$

如何從 $|\mathbf{A}|\,|\mathbf{B}|\cos\theta$ 變成了 $A_xB_x + A_yB_y + A_zB_z$，並不是一眼就可以看得出來的，但是若有需要，我們可以證明[4]，只是證明太長，所以我索性把它們兩個都背下來。

若是我們計算一個向量跟**它自己**之間的點積，由於夾角 θ 爲 0，$\cos 0 = 1$，所以 $\mathbf{A}\cdot\mathbf{A} = |\mathbf{A}||\mathbf{A}|\cos 0 = |\mathbf{A}|^2$。以分量方式表示，$\mathbf{A}\cdot\mathbf{A} = A_x^2 + A_y^2 + A_z^2$，這個數字的平方根便是該向量之大小。

1-7 向量的微分

我們現在要來討論所謂向量之微分。除非一個向量隨著時間變化，否則談論它對於時間的微分就沒有意義，也就是說我們必須想像某個不斷在變化的向量，而我們想知道它變化的速率。

例如，向量 $\mathbf{A}(t)$可以是一件飛行中的物體在 t 時刻的位置。在下一個時刻 t'，該物體已經從 $\mathbf{A}(t)$移動到了 $\mathbf{A}(t')$。我們想把 $\mathbf{A}$ 在時間 t 的變化率求出來。

下面是有關的法則：在一個很短的時間間隔 $\Delta t = t' - t$ 之內，該物體從 $\mathbf{A}(t)$移動到了 $\mathbf{A}(t')$，所以位移爲 $\Delta\mathbf{A} = \mathbf{A}(t') - \mathbf{A}(t)$。$\Delta\mathbf{A}$ 是從舊位置到新位置的向量（見圖 1-11）。

當然啦，時間間隔 Δt 愈短，$\mathbf{A}(t')$跟 $\mathbf{A}(t)$就愈接近。如果你用 Δt 來除 $\Delta\mathbf{A}$，而且取它們兩個都趨近零的極限值——那就是微分。在這個例子裡面，$\mathbf{A}$ 是位置向量，它的微分則是速度向量 $\mathbf{v}(t)$，此速度向量的方向與位移曲線在 $\mathbf{A}$ 點的切線方向一致，因爲那是該物

[4] 原注：見《費曼物理學講義》第 I 卷第 11-7 節。

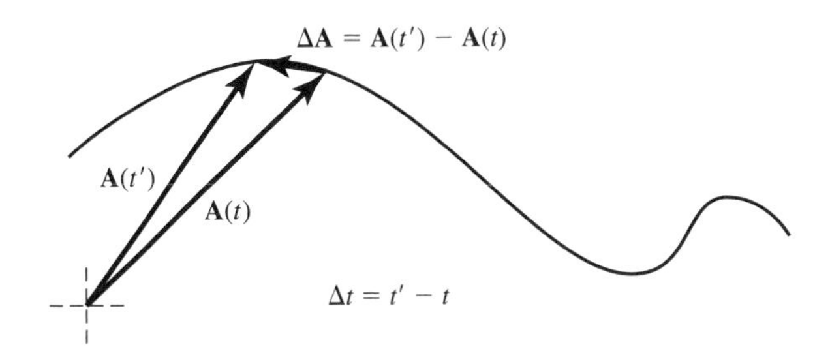

圖 1-11 於時間間隔 Δt 內的位置向量 **A** 跟位移 $\Delta\mathbf{A}$

體在經過該點時的移動方向。它的大小你從圖上看不出來，因爲它取決於該物體沿位移曲線運動的**快慢**。速度向量的大小就是速率，它告訴你該物體經過 **A** 點時每單位時間所移動的距離。所以這就是速度向量的定義：方向是在路徑的切線方向上，其大小等於物體在路徑上的速率（見圖 1-12）。

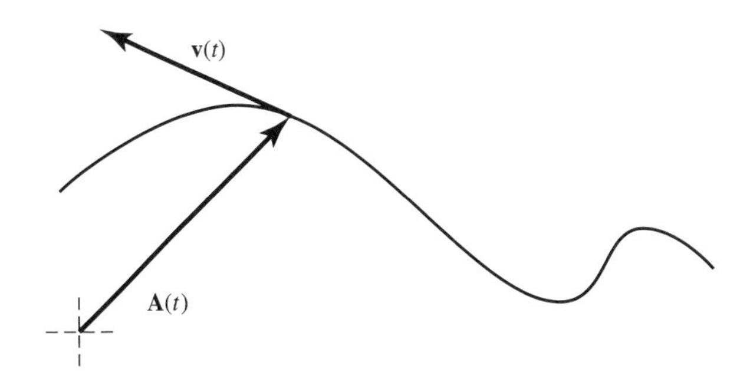

圖 1-12 位置向量 **A** 跟它在時間 t 之微分 **v**

$$\mathbf{v}(t) = \frac{d\mathbf{A}}{dt} = \lim_{\Delta t \to 0} \frac{\Delta \mathbf{A}}{\Delta t} \tag{1.14}$$

順便一提，除非你非常小心，否則在一張圖內同時畫上位置向量跟速度向量相當危險——既然現在我們對這些東西還不太瞭解，我得把所有我想像得到的可能陷阱告知你們，免得你會不明究理的想要把 **A** 跟 **v** **加**起來。我們絕不可以那麼做，因爲我們必須知道時間的尺度才能畫出速度向量，所以速度向量與位置向量的單位不一樣。一般你不會去把一樣東西的位置跟速度的數據加起來，在這兒同樣也不行。

在我要著手**畫**向量圖的時候，我必須決定到底要用什麼尺度。當我們談到力的時候，我們說圖上箭號的長度每英寸（或每公尺，或任何其他長度單位）代表若干牛頓。而這兒我們畫的向量箭號代表速度，我們得說其長度每英寸代表每秒若干公尺。有可能另外有個人也使用了跟我們一樣的箭號長度比例尺來畫位置向量，但是他的速度向量的長度只有我們的三分之一——原因只是他用了不同的尺度。兩張畫法都沒錯，因爲尺度沒有固定的一套，可以任由畫圖的人自由選擇。

那麼，以各種 x、y、跟 z 分量來表示速度又會是怎樣呢？其實非常簡單，因爲譬如說，位置 x 分量的變化率就等於速度的 x 分量，如此類推，因爲微分其實就是取差而已，既然兩向量之差的分量等於兩向量之分量的差，所以

$$\left(\frac{\Delta \mathbf{A}}{\Delta t}\right)_x = \frac{\Delta A_x}{\Delta t}, \quad \left(\frac{\Delta \mathbf{A}}{\Delta t}\right)_y = \frac{\Delta A_y}{\Delta t}, \quad \left(\frac{\Delta \mathbf{A}}{\Delta t}\right)_z = \frac{\Delta A_z}{\Delta t} \tag{1.15}$$

接下來取極限值後，我們就得到了導函數的三個分量：

$$v_x = \frac{dA_x}{dt}, \quad v_y = \frac{dA_y}{dt}, \quad v_z = \frac{dA_z}{dt} \tag{1.16}$$

這個結果對於任何方向也都成立：如果考慮 $\mathbf{A}(t)$在某任意方向上的分量，那麼速度向量在那個方向上的分量，就等於 $\mathbf{A}(t)$在那個方向上分量的導函數。不過當我這麼說時，得附帶加上一個嚴重的警告：那個所選的方向絕對不能跟著時間改變。譬如你不能說：「我要取 $\mathbf{A}$ 在 $\mathbf{v}$ 方向上的分量。」或諸如此類的話。因爲 $\mathbf{v}$ **隨時在改變方向。只有在方向固定時**，位置分量的導函數才會等於速度分量。所以，上面的(1.15)跟(1.16)式只有對於 x 、 y 、 z 軸以及其他固定軸才成立。如果你試圖在座標軸轉動時去求微分，則所牽涉的數學公式會複雜多了。

以上是微分向量時必須注意的一些事情與會遇到的困難。

當然啦！你可以繼續去微分向量的導函數、以及向量導函數的導函數等等。我之所以稱呼 $\mathbf{A}$ 的導函數爲「速度」，只是因爲 $\mathbf{A}$ 是位置。如果 $\mathbf{A}$ 是別的東西， $\mathbf{A}$ 的導函數就不再是速度了。比方 $\mathbf{A}$ 是動量，則它對時間微分所得到的導函數乃是「力」，即 $\mathbf{A}$ 的導函數變成了力。如果 $\mathbf{A}$ 是速度， $\mathbf{A}$ 的導函數則又成了加速度等等。以上我告訴你們的事情對於微分各種向量都通用，位置跟速度只是我選用的範例。

1-8 線積分

最後有關向量我還要講一件事，而這事非同小可，是很可怕、很複雜的東西，叫做「線積分」：

$$\int_a^z \mathbf{F} \cdot d\mathbf{s} \tag{1.17}$$

上面這個式子的意思是：你有某個向量場 $\mathbf{F}$，而你要將它沿著曲線 S 從 a 點積分到 z 點。爲了要讓這個線積分具有意義，$\mathbf{F}$ 在曲線 S 上從 a 到 z 之間每一點上面的值，必須有個適切的定義。例如，假設我們把 $\mathbf{F}$ 定義爲在 a 點位置上、施加於一物體之力，但是我們卻不知道沿著曲線 S 力會如何變化（**至少**在 a 到 z 之間），那麼「沿著曲線 S 從 a 到 z 之間將 $\mathbf{F}$ 積分起來」就**毫無意義**了。（請注意我說了「至少」兩個字，原因是 $\mathbf{F}$ 在曲線 S 上在 a 到 z 之外可能有清楚的定義，但那與我們無關，我們只要求在 a 到 z 之間 $\mathbf{F}$ 必須有明確的定義。）

待會兒我會定義任意一個向量場沿著任意一條曲線的積分，但是我們先來考慮其中一個最簡單的特例，那就是 $\mathbf{F}$ 是固定的，而且 S 在 a 與 z 之間是一條直線——它構成了一個我稱爲 $\mathbf{s}$ 的位移向量（見圖 1-13）。於是，由於 $\mathbf{F}$ 是固定的，我們可以把它移到積分符號的外面（就像一般積分那樣），而 $d\mathbf{s}$ 從 a 到 z 的積分就是 $\mathbf{s}$，因此答案就是 $\mathbf{F} \cdot \mathbf{s}$，這即是一個固定的力沿著一條直線的線積分，這是最簡單的情形：

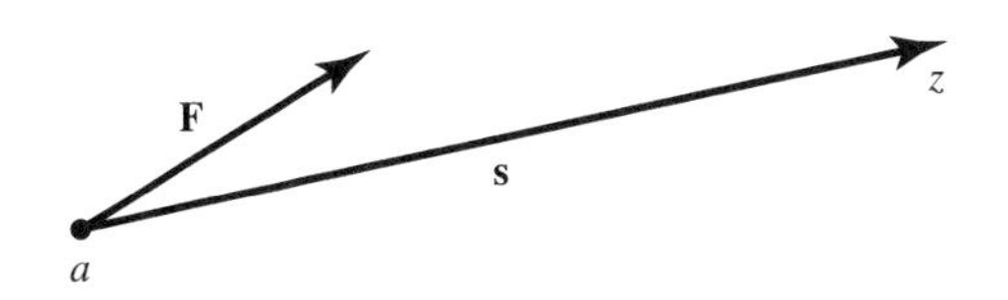

圖 1-13 直線路徑 a-z 上的每一個點都受到同樣的力 **F**

$$\int_a^z \mathbf{F} \cdot d\mathbf{s} = \mathbf{F} \cdot \int_a^z d\mathbf{s} = \mathbf{F} \cdot \mathbf{s} \tag{1.18}$$

（記住 $\mathbf{F} \cdot \mathbf{s}$ 是力在位移方向上的分量，乘以位移之大小。換句話說，它等於那條直線的長度，乘上力在直線方向上的分量。除此之外，還有其他的看法或說法，譬如我們同樣可以說它是位移在力方向上的分量，乘以力之大小。也可以把它看成是力之大小，乘以位移之大小，再乘以它們之間夾角之餘弦，這些說法全都相等。）

線積分更廣義的定義如下：首先我們可以把曲線 S 從 a 到 z 之間分成 N 個小段：ΔS_1 、ΔS_2 …… ΔS_N 等等。那麼沿著 S 之積分，就等於沿著小段 ΔS_1 之積分、加上沿著 ΔS_2 之積分……最後加上沿著 ΔS_N 之積分。我們選用一個非常大的數字當 N，如此一來，每一小段 ΔS_i 就近似於一小段直的位移向量 $\Delta \mathbf{s}_i$，而且 $\mathbf{F}$ 在 ΔS_i 這一小段直線之上，可以看成是固定的向量 $\mathbf{F}_i$（見圖 1-14）。於是，遵照上述「固定力跟直線路徑」法則，ΔS_i 線段對於積分的貢獻就近似於 $\mathbf{F}_i \cdot \Delta \mathbf{s}_i$。因此你只要將所有的 $\mathbf{F}_i \cdot \Delta \mathbf{s}_i$ 從 $i = 1$ 到 $i = N$ 加起來，就會得到非常近似於正確積分的結果。如果我們取 N 趨向無窮大的極限，我們所得到的近似和就會**完全**等於正確的積分值，意思是你盡

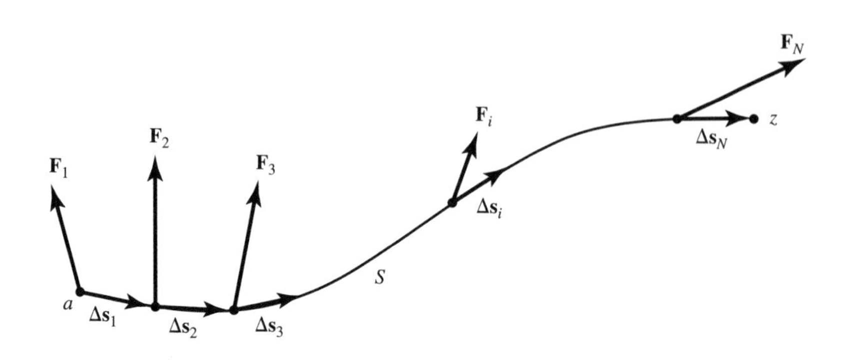

圖 1-14　定義在一條曲線 S 上之可變力 $\mathbf{F}$

量細分 S，之後又細分下去，那麼你就可以得到確切的積分了：

$$\int_a^z \mathbf{F} \cdot d\mathbf{s} = \lim_{N\to\infty} \sum_{i=1}^{N} \mathbf{F}_i \cdot \Delta\mathbf{s}_i \tag{1.19}$$

（一般說來，這個積分當然是取決於此曲線路徑，但是物理世界中卻偶爾也有不是如此的例外。）

好了，以上就是你上物理課時需要先知道的數學——至少在目前——其中特別是微積分跟向量理論初步，你應該對它們熟悉到就好像生下來就知道那般。其中一些——例如剛說過的線積分——也許你**現在**對它還不很熟悉，但是用多了以後，也會變成你下意識的一部分。它們目前在這門課中的份量**尚**不太重，所以比較難以迅速熟悉。然而現在就「必須好好塞進你的腦子」的是我們複習到的微積分，以及如何替向量取不同方向的分量。

1-9 一個簡單的例子

我要舉一個例子——一個非常簡單的例子——來說明如何取向量的分量。假設我們有一台機器，就像圖 1-15 中所顯示的那樣：它有兩根臂桿，中間以一支軸相連結（就好像手肘關節），上面放了一個重物。一根臂桿的另一端跟一個固定在地板上的支軸連結，而另一臂桿的另一端則是裝上了一個可以滾動的輪子，可以在地板上沿著一細長的直線縫隙來回滑動——該縫隙也屬機器的一部分——隨滾輪來回運動，使位於兩臂之間支軸上的重物上升跟下降等等。

讓我們假設，該機器上重物的重量為 2 公斤，兩根臂桿各長 0.5 公尺。此機器在某一時刻，正好靜止不動，而且其上重物離地板的高度剛好是 0.4 公尺——所以我們恰好有個三邊長之比為 3-4-5 的直角三角形，因而可以簡化牽涉到的算術（見圖 1-16。其中算術難易並非重點，眞正困難之處在於把**觀念**弄對。）

我們要解決的問題是，你得對滾輪施加多大的水平推力 **P**，才

圖 1-15 簡單機器

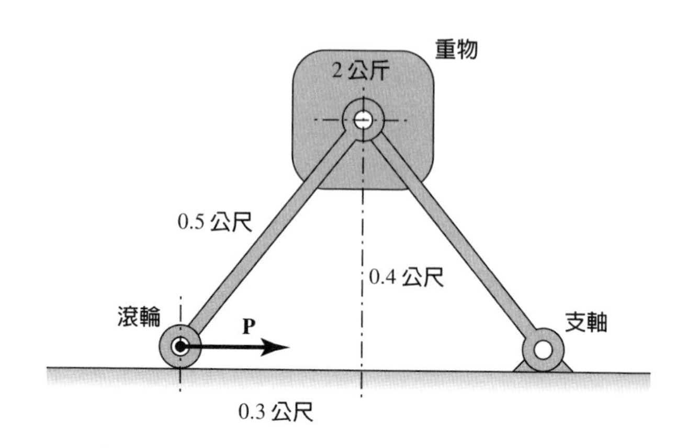

圖 1-16 為了維持重物不墜落，推力 **P** 該是多少？

能**維持**整個機器靜止不動？這兒我們得先做一個解題所需的假設：當一根臂桿的**兩端**都附有轉軸（而該臂桿維持不動的話）的話，那麼臂桿上淨力的方向永遠是**沿著臂桿**（這項假設實際上是對的，你也可能直覺知道它是不證自明的）。如果臂桿只有**一端**有轉軸，此臂桿上的淨力就不見得一定會是在沿著臂桿的方向上，因為我可以把它推向一旁。但是如果它兩端頭都有轉軸，則我就只能**沿著**臂桿推它。所以我們假設知道它是事實——臂桿上的力必然是在臂桿的方向上。

除此之外我們還從物理學上知道另一件事：那就是在臂桿兩端的力，大小相等而方向相反。比方說，圖中左手邊那根臂桿對滾輪所施的力，必然和臂桿另一端對重物所施的力，大小相等但方向相反。所以在知道了臂桿的這些性質之後，我們要計算出滾輪所受的水平力是多少。

我想我要這麼樣子處理問題：臂桿施於滾輪的水平力是滾輪所

受淨力的水平分量。（當然還有一個來自「限制住滾輪的溝槽」的垂直分量；它是滾輪所受淨力的一部分，而滾輪所受的淨力與重物所受的淨力剛好大小相等方向相反。）所以只要我知道了臂桿施於重物的力，我就可以得到臂桿對於滾輪的力，尤其是我想知道的水平分量。換言之，如果重物所受的水平力爲 F_x，那麼臂桿施於滾輪的水平力就是 $-F_x$，則我們就必須以大小相等方向相反的力去推滾輪，重物才不會降下來，也就是說 $|\mathbf{P}| = F_x$。

如果我們只考慮左手邊的這根臂桿，那麼該臂桿給予重物的垂直向上推力 F_y 應該非常簡單，它就等於該重物的重量，即 2 公斤乘上重力常數 g（g 是你需要知道的另一樣物理常數，公制下的 g 爲 9.8），亦即 F_y 等於 2 乘以 g，也就是 19.6 牛頓。所以該臂桿另一端對滾輪所施的垂直分力等於 -19.6 牛頓。那麼，現在我要怎樣才能得到水平力呢？答案是利用我們剛才所做的假設，那就是臂桿上的淨力，一定得沿著臂桿的方向，根據這項假設我們可從 F_y 算出 F_x（見圖 1-17）。

此時臂桿的方向決定了垂直跟水平兩個分力的比值。在這個特殊例子裡，我們的簡單設計可派上了用場，由於以臂桿當作斜邊所形成的直角三角形中，其水平邊跟垂直邊的比爲 3 比 4，F_x 跟 F_y 之間也應該有同樣的比率（不過我們對 **F** 並沒有興趣），我們既然已知 F_y，F_x 就等於 19.6 乘以 3/4：

$$
\begin{aligned}
\frac{F_x}{19.6} &= \frac{0.3}{0.4} \\
\therefore F_x &= \frac{0.3}{0.4} \times 19.6 = 14.7 \text{ 牛頓}
\end{aligned}
\tag{1.20}
$$

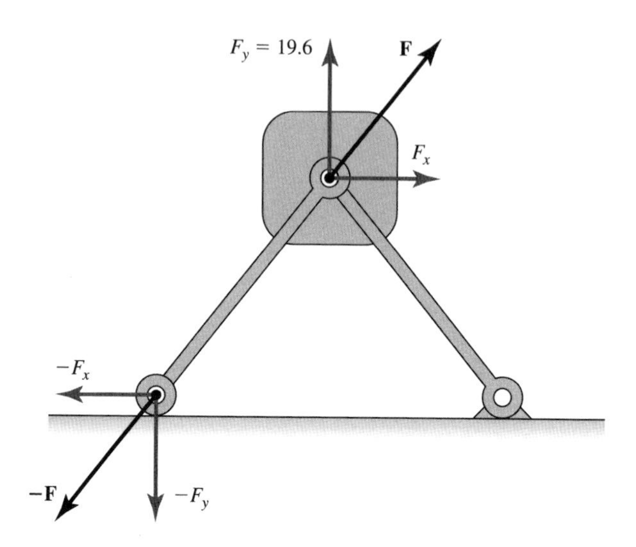

圖 1-17　同一根臂桿分別推向重物跟滾輪之力

我們的結論就是：我們施於滾輪的水平力 |**P**| 是 14.7 牛頓，這樣才能頂住重物。這就是此問題的答案。

眞的**是**如此嗎？

你得瞭解，要正確解決物理問題不能只是套公式而已：除了要知道定律、公式等等之外，你還得對實際情況有某種**感覺**才行！這種感覺待會兒我還會加以討論，但在這個特定問題上，問題出在重物所受的淨力並非只是來自**一根**臂桿，實際上它有一部分力也來自**另一根**臂桿呢，而我剛才分析時忽略了它，所以結論是完全不對！

我必須也考慮右手邊那根與固定支軸連接的臂桿所施於重物的力。現在似乎變得有些複雜：我如何計算出**那個**力有多大？**所有**施於重物的力加起來是什麼呢？那就是重力，因為它必須與重力達到平衡；重物在水平方向上不受力。所以我需要的**線索**就是，既然左手邊的臂桿上有個向右的推力，那麼右手邊的臂桿必然也有個大小相等的向左推力，才會把左臂桿上的推力抵消。

因此，如果我要畫出來自右手邊臂桿的力，它的水平分量應該跟左手邊臂桿所施的水平力大小相等、方向相反，而它們的垂直分量則相等，因為兩根臂桿分別形成相同的3-4-5三角形，也就是說兩根臂桿向上的推力是相等的，因為兩者在水平方向上的力必須互相抵消。如果該兩根臂桿的長度不同，你就得多花點功夫，但概念是一樣的。

所以我們重新解析一遍：首先要弄清楚的是**臂桿施於重物**的力。所以我們先看**從臂桿推向重物**的力。我為何要這麼囉唆重複呢？原因是非得這麼說不可，否則正負符號會搞混掉：**臂桿施於重物的力**，正好跟**重物施於臂桿的力**相反。每當我覺得思路混亂時，我就再從頭思量起，再想一想到底要說什麼。這次我說：「**從臂桿施於重物**的力有二：一個是 **F** ，其方向跟一根臂桿的方向一致，另一個是 **F′**，它的方向則跟另一根臂桿的方向一致。它們是僅有的兩個力，分別在沿著臂桿的方向上。」

啊哈！我已經知道該怎麼做了！這兩個力的**淨**力顯然在水平方向**沒有**分量，而垂直方向的分量等於19.6牛頓。啊！讓我再重畫一次分析圖，因為前次畫的顯然不對（見圖1-18）。

所有水平方向分量都相互抵消，垂直方向分量則相加， 19.6牛頓不是**某一**根臂桿所施的垂直力，而是兩根臂桿所施的力之和。既然每根臂桿都貢獻一半的力，所以兩者平分秋色，連在滾輪上的臂桿所施的力的垂直分量應該是9.8牛頓。

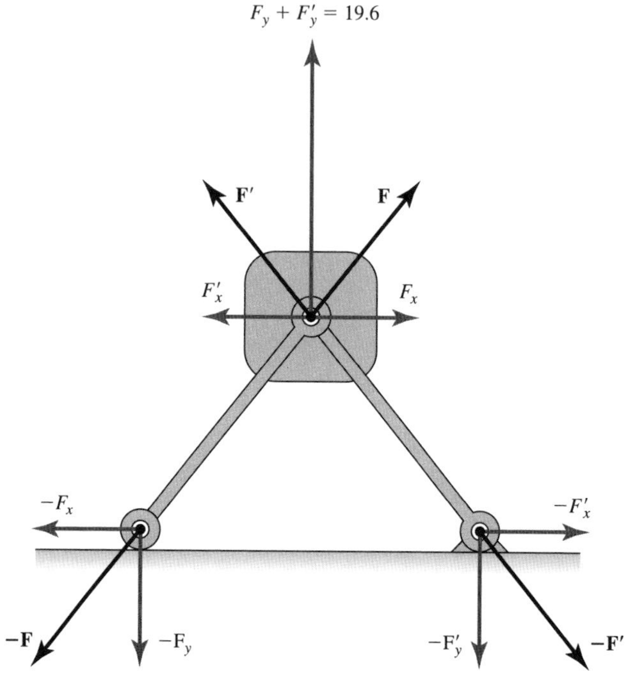

圖 1-18 兩根臂桿施於重物的力，以及施於滾輪與支軸的力。

於是我們可以將垂直分量乘以 3/4 而得到水平分量，也就是連在滾輪上的臂桿施於重物的力的水平分量為：

$$\frac{F_x}{9.8} = \frac{0.3}{0.4}$$
$$\therefore\ F_x = \frac{0.3}{0.4} \times 9.8 = 7.35 \text{ 牛頓} \tag{1.21}$$

1-10 三角法

現在離下課還有一些時間，我想趁此空檔多講一點數學跟物理的關係——其實我剛剛講的小例子已經點出了精髓：光光背下所有的公式是沒有用的，光告訴自己：「我只需記得所有的公式，碰到問題時我只需要想辦法套上公式就成！」是不行的。

我不是說這方式完全無用，你也許在短時期間發現它還滿管用，然而公式背得愈多，你對它的迷戀愈深——但是到頭來它卻注定會失靈。

也許你會說：「我才不相信他所說的這套！我從來用的就是這個方法，一直都無往不利，我決心堅持到底，肯定不會有事。」

你**沒**辦法永遠這麼做下去：你將會**被當掉**，也許不是今年、不是明年，但是終究有一天，也許屆時你已經進入社會工作等等，你總是會失敗。原因是物理是**極其**浩瀚的學科，裡面的公式數以百萬計，根本不可能把它們全部背下來——**不可能**！

你忽略了一件很棒的事，一個你可以利用的有力機器，也就是：假設圖 1-19 是一幅標示了所有物理公式、所有物理關係的地圖（它應該非常複雜，不僅是二維的地圖而已，但是我們就姑且以此簡圖代表）。

現在假設你的頭腦突然間出了問題，一部分記憶給刪除掉啦，使得你忘記了圖上某個區域所代表的知識。但是由於各種自然現象之間都有巧妙的關連，因此我們可以利用邏輯，經由所謂的「三角法」（triangulation），從仍然知道的部分，推出遺忘掉的資料（見圖 1-20）。

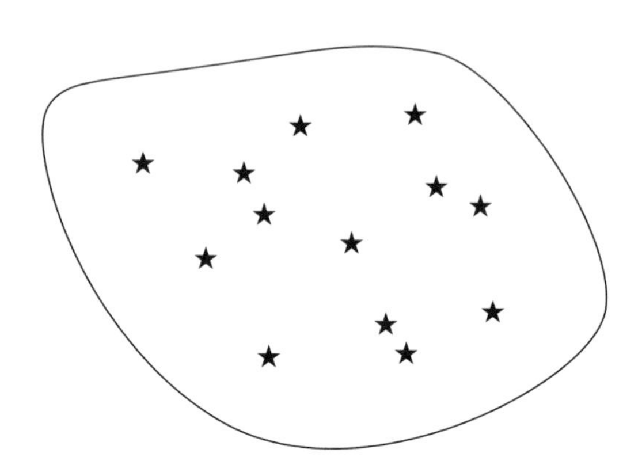

圖 1-19　想像中包含所有物理公式的地圖。

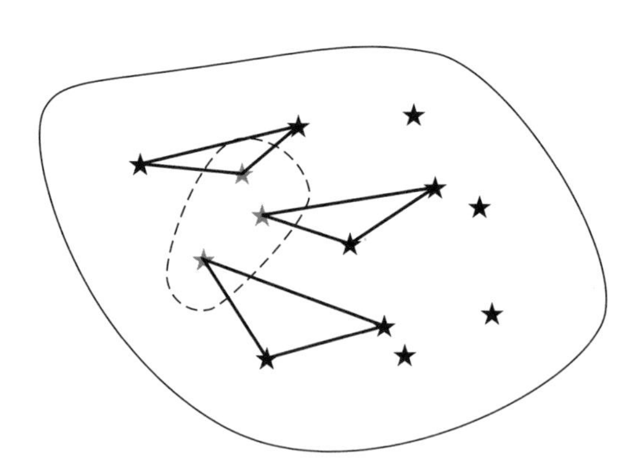

圖 1-20　遺忘了的事實可以從知道的事實，經由三角測量法而重建。

你可以重新塑造出一些你已經**永遠**遺忘掉的東西——只要你忘掉的不是太多，而你知道的知識也足夠的話。換句話說，人生到達了某個階段後——你們離這個階段還很遠——你會知道許多事情，但是一旦你忘了它們，你仍然能夠從記得的部分出發，重建忘掉的事情。因此知道如何做「三角測量」——從已知事物去剖析出你所不知道的——才是最最重要的本事，**絕對有需要**。你也許會說：「我不在乎，我的記憶**好**得很！我知道如何**真的**把事情記下來！事實上，我還選修過一門增強記憶的課程呢！」

但是這樣**還是**不行！因爲物理學家眞正的用處在於發現新的自然定律，以及替工業界研發出新的產品等等，都是要做一些**新**的東西，而**不是**去討論已經知道的種種。所以他們的工作是要從已知事物中去做三角分析，而且要分析出**別人從未做過的結論**來（見圖 1-21）。

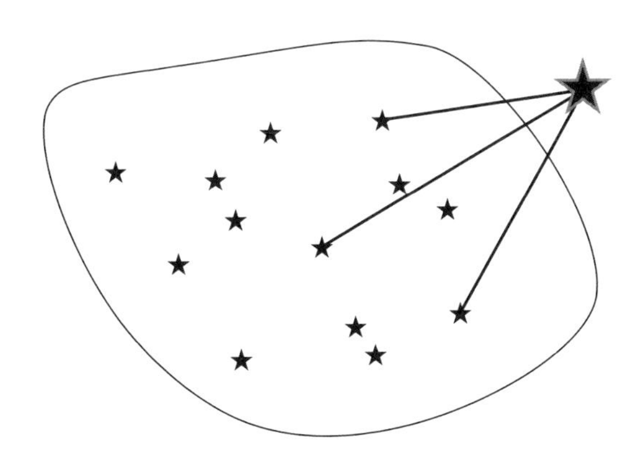

圖 1-21　物理學者從已知事實經由三角測量，向未知領域探索，而獲致各種新的發現。

第2章 定律及直覺

複習課第二講

在上一堂課，我們討論了學習物理應具備的數學知識。我指出方程式是工具，需要背得滾瓜爛熟。但是什麼都去背卻不是好辦法。事實上，從長遠來看，你不可能用死背的方式去做每樣事情。這樣說並不意味著**完全不用背**——在某種意義上，你能夠記得愈多愈好——但是你應該要能隨時重建任何你忘掉的部分。

順便我要在此補充一點，我在上一堂課已經談過這一個議題，那就是如果你來到加州理工學院後，突然發現自己的成績掉到了班平均之下的問題。若是你有幸逃過此劫，成績仍然在平均之上，那麼你只是把痛苦轉給另外一個人而已，因爲**他**是被你硬擠下去的。不過你倒是**有**件事可以做，而不會去干擾到其他人：去鑽研一些你覺得有趣的事物，讓自己暫時變成某些你以前聽過的現象的專家。你可以這麼做而不必覺得有任何心理負擔，而且你還可以說：「至少，其他人一點都不懂**這個**！」

2-1 物理定律

開場白到此爲止。這堂複習課我要講的是物理定律，首先講它們是什麼。至目前止，我們已經在課堂上用話說明了很多，現在若全部重提一遍，只怕必須會用上同樣多的時間。好在物理定律也可以簡化爲數學方程式，我把它們寫在這兒（當然我得假定，你們的數學根底已經發展到了一個程度，見到這些數學符號時能立即明瞭）。下面列出的是所有你應該知道的物理定律。

首先是

$$\mathbf{F} = \frac{d\mathbf{p}}{dt} \tag{2.1}$$

此方程式意思是說，力 **F** 等於動量 **p** 相對於時間的變化率（**F** 跟 **p** 用粗體字表示它們爲向量。你現在應該認識這些符號了）。

我要強調，在跟**物理**方程式打交道時，必須瞭解式子中每一個字母所代表的意義。那倒不見得需要你說：「啊，我知道那個 **p**，它代表在運動中的質量乘以速度，或是靜止時的質量乘以速度、並除以 1 減掉 v 平方除以 c 平方之平方根嘛」：[1]

$$\mathbf{p} = \frac{m\mathbf{v}}{\sqrt{1 - v^2/c^2}} \tag{2.2}$$

不過，要知道 **p** 在**物理學**上代表的意義，你必須知道 **p** 不僅僅是「動量」，它是某樣東西的動量——一個質量爲 m 、速度爲 **v** 的**粒子**之動量。而在(2.1)式中，**F** 是總力——所有施於該粒子的力的向量和。你只有這樣才能說眞正瞭解這些方程式。

接下來我們來看另一個你應該知道的物理定律，叫做動量守恆：

$$\sum_{\text{粒子}} \mathbf{p}_{\text{後}} = \sum_{\text{粒子}} \mathbf{p}_{\text{前}} \tag{2.3}$$

動量守恆律是說，在任何情況下，動量的總和是固定的。它的物理意義又是什麼呢？比如在一次碰撞事件裡，這個定律是說，所

[1] 原注：$v = |\mathbf{v}|$ 是粒子的速率；c 是光速。

有粒子的動量總和，在碰撞**前後**維持相同。在相對論性世界裡，在碰撞後的粒子可以和碰撞前的粒子不一樣——你可以創造出新的粒子，也可以毀滅掉舊的——但是所有粒子的動量總和，在碰撞前後依然維持相同。

下一個你應該知道的物理定律叫做能量守恆，它的形式跟動量守恆的一樣：

$$\sum_{\text{粒子}} E_{\text{後}} = \sum_{\text{粒子}} E_{\text{前}} \tag{2.4}$$

這個公式告訴我們，碰撞**前**所有粒子的能量和，等於碰撞**後**所有粒子的能量和。你必須知道粒子的能量究竟是什麼，才能使用這個公式。一個靜質量 m 、速率爲 v 的粒子，它的能量便是

$$E = \frac{mc^2}{\sqrt{1 - v^2/c^2}} \tag{2.5}$$

2-2 非相對論性近似

這些定律在相對論性的世界裡都是正確的。然而在非相對論性的近似下——意思是如果粒子的速率比光速要**低**很多——那麼這些定律可以簡化成一些特例。

我們先看粒子的動量，若是它移動的速率很小，$\sqrt{1 - v^2/c^2}$ 就幾乎等於 1 ，所以(2.2)式就變成了

$$\mathbf{p} = m\mathbf{v} \tag{2.6}$$

這意思是說，在這種情況下，力的公式，$\mathbf{F} = d\mathbf{p}/dt$，也就可以寫成 $\mathbf{F} = d(m\mathbf{v})/dt$。那麼如果我們把常數 m 放到前面，我們就看到在低速情況下，力等於質量乘以加速度：

$$\mathbf{F} = \frac{d\mathbf{p}}{dt} = \frac{d(m\mathbf{v})}{dt} = m\frac{d\mathbf{v}}{dt} = m\mathbf{a} \tag{2.7}$$

粒子在低速時的動量守恆方程式在形式上和(2.3)式完全一樣，除了公式中的動量 $\mathbf{p}$ 就等於 $m\mathbf{v}$（而所有質量都是常數）：

$$\sum_{\text{粒子}} (m\mathbf{v})_{\text{後}} = \sum_{\text{粒子}} (m\mathbf{v})_{\text{前}} \tag{2.8}$$

然而，**能量**守恆在低速情況下變成了**兩個**定律：首先是**每一個粒子的質量**為常數，因為你不能創造或毀滅任何物質；其次是所有 $\frac{1}{2}mv^2$ 的總和（即全部的動能或 *K.E.*）為常數：[2]

$$\begin{gathered} m_{\text{後}} = m_{\text{前}} \\ \sum_{\text{粒子}} \left(\tfrac{1}{2}mv^2\right)_{\text{後}} = \sum_{\text{粒子}} \left(\tfrac{1}{2}mv^2\right)_{\text{前}} \end{gathered} \tag{2.9}$$

[2] 原注：粒子的動能跟它全部（相對論性）能量之間的關係可以從 $1/\sqrt{1-v^2/c^2}$ 的泰勒級數展式很容易看出來，我們只要取展式前兩項代入(2.5)式就可以：

$$\frac{1}{\sqrt{1-x^2}} = 1 + \frac{1}{2}x^2 + \frac{1\cdot 3}{2\cdot 4}x^4 + \frac{1\cdot 3\cdot 5}{2\cdot 4\cdot 6}x^6 + \ldots$$

$$E = \frac{mc^2}{\sqrt{1-v^2/c^2}} = mc^2(1 + v^2/2c^2 + \cdots)$$

$$\approx mc^2 + \tfrac{1}{2}mv^2 = \text{靜能量} + K.E. \quad (\text{當 } v \ll c)$$

如果我們把大件的日常物品看作是低速的粒子——例如把一隻煙灰缸當作是一個粒子的話——那麼說碰撞之前動能會恆等於之後動能的這條定律，並**不**成立。原因是參與碰撞粒子的一部分 $\frac{1}{2}mv^2$ 會變成物體內部的動能，也就是變成了熱。所以大件物體之間發生碰撞的前後，這條定律看起來並不成立。這條定律只有對象是基本粒子才成立。

當然在大物體碰撞時，也有可能並**沒有很多**的能量轉換成內部運動，因而能量守恆看起來**幾乎**是正確的。這種情形被稱作**幾乎彈性**碰撞——有時還被理想化成爲**完全**彈性碰撞。總之，能量比動量更難掌握，原因就是只要牽涉到的物體尺寸一大，如砝碼之類的東西，它們會進行非彈性碰撞，動能就不見得守恆。

2-3 力作用下的運動

接下來我們不看碰撞，而看力所造成的運動——首先我們就會有一則定理告訴我們說，粒子的**動能變化**等於力對該粒子所做的**功**：

$$\Delta K.E. = \Delta W \tag{2.10}$$

記住，這是在**說明**某件事情，你必須知道式子裡每個字母代表的意思，才能瞭解這個式子：它是說如果一個粒子在某曲線 S 上，從 A 點到 B 點移動，而它移動時受到了 $\mathbf{F}$ 力的影響，$\mathbf{F}$ 是該粒子受到的總力，那麼假如你知道該粒子在通過 A 點以及 B 點時的 $\frac{1}{2}mv^2$，它們的差就是 $\mathbf{F}\cdot ds$ 從 A 點到 B 點的積分。其中 ds 是該粒子沿著 S 移動時的一小段位移（見圖 2-1）。

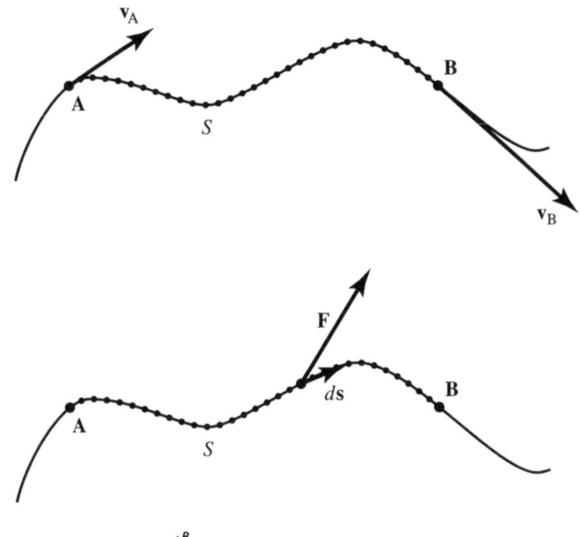

圖2-1 $\frac{1}{2}mv_B^2 - \frac{1}{2}mv_A^2 = \int_A^B \mathbf{F}\cdot d\mathbf{s}$

$$\Delta K.E. = \tfrac{1}{2}mv_B^2 - \tfrac{1}{2}mv_A^2 \qquad (2.11)$$

以及

$$\Delta W = \int_A^B \mathbf{F}\cdot d\mathbf{s} \qquad (2.12)$$

在某些特定例子裡，由於對此粒子作用之力，只跟粒子的位置有關，而且此關係很簡單，使得這個積分可以在事前很容易計算出來。在這種情況下，我們可以寫說，該力對此粒子所做之功，和另一種叫做**位能**（potential energy，即 *P.E.*）的量的變化，兩者大小相等，但正負號相反。而凡是具有這種性質的力，皆稱爲「保守力」：

$$\Delta W = -\Delta P.E. \text{（在保守力 } \mathbf{F} \text{ 作用下）} \tag{2.13}$$

順便一提，我們在物理學上有時用了些很糟糕的字，比方說，此處所謂的「保守力」，並非指這些**力**守恆不變，而是說這些力的性質是如果它們作用於某些物體之上，這些物體的**能量可以**是守恆的。[3] 我承認，很難從字面上理解它的意思，不過我也沒轍。

一個粒子的總能量是它的動能加上位能：

$$E = K.E. + P.E. \tag{2.14}$$

當只有保守力在作用時，粒子的總能量不會改變：

$$E = \Delta K.E. + \Delta P.E. = 0 \text{（在保守力作用下）} \tag{2.15}$$

但是當**非保守**力（沒有包含在任何位勢中的力）在作用時，則該粒子能量的變化等於這些力對它做的功：

[3] 原注：保守力的定義是，當粒子從一個位置移動到另一個位置，保守力對它所做的總功跟粒子所走的路徑無關，也就是說該總功只取決於路徑兩端的位置。若是一個粒子在保守力的影響下繞了一個圈子，而最後回到原點時，該力對粒子所做的功等於零。請見《費曼物理學講義》第I卷第14-3節。

[4] 原注：請見《費曼物理學講義》第I卷第11-6節。

$$\Delta E = \Delta W \text{（在\textbf{非保守}力作用下）} \tag{2.16}$$

這節複習課接下來，是我們要把各種力的已知定則列舉出來。

不過在此之前，我要提一下一個非常有用的加速度公式：如果有樣東西在某一瞬間，以等速率 v 沿著一個圓運動，此圓的半徑爲 r，那麼它的加速度是朝向圓心，大小則等於 v^2/r（見圖 2-2）。這跟此前講的加速度不一樣，差別是在於它跟物體前進的方向呈「直角」。不過你們最好把這公式背下來，因爲它推導的過程是頗麻煩的：[4]

$$|\mathbf{a}| = \frac{v^2}{r} \tag{2.17}$$

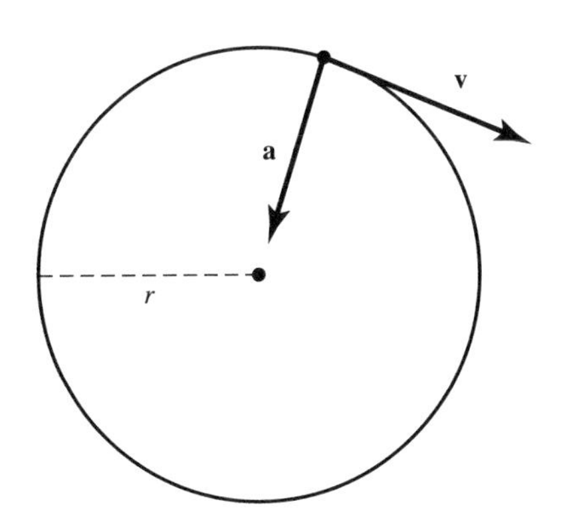

圖 2-2　等速率圓周運動的速度跟加速度向量

表 2-1

	永遠成立	一般下不成立（僅在低速情況下能成立）
力	$\mathbf{F} = \dfrac{d\mathbf{p}}{dt}$	$\mathbf{F} = m\mathbf{a}$
動量	$\mathbf{p} = \dfrac{m\mathbf{v}}{\sqrt{1-v^2/c^2}}$	$\mathbf{p} = m\mathbf{v}$
能量	$E = \dfrac{mc^2}{\sqrt{1-v^2/c^2}}$	$E = \frac{1}{2}mv^2\ (+mc^2)$

表 2-2

對於保守力成立	對於非保守力成立
$\Delta P.E. = -\Delta W$	$P.E.$ 沒有定義
$\Delta E = \Delta K.E. + \Delta P.E. = 0$	$\Delta E = \Delta W$

定義：動能，$K.E. = \frac{1}{2}mv^2$；功，$W = \int \mathbf{F} \cdot d\mathbf{s}$。

2-4 力與其位能

現在回到原來主題上。我在表 2-3 裡，列出了一系列力的定律及它們位能的公式。

表 2-3

	力	位能
靠近地球表面之重力	$-mg$	mgz
粒子間之重力	$-Gm_1m_2/r^2$	$-Gm_1m_2/r$
電荷	$q_1q_2/4\pi\epsilon_0r^2$	$q_1q_2/4\pi\epsilon_0r$
電場	$q\mathbf{E}$	$q\phi$
理想彈簧	$-kx$	$\frac{1}{2}kx^2$
摩擦	$-\mu N$	否！

首先是地球表面的重力，此力方向朝下，不要管它的符號，只要記得它的方向就成，因爲誰也不知道你的座標軸方向是怎樣的，也許你的 z 座標軸方向朝下（你當然可以這樣做）！所以這個力爲 $-mg$ ，位能爲 mgz ，其中 m 是物體的質量， g 是常數（亦即地球表面的重力加速度——若物體離開地球表面太遠，則此兩公式就不能成立）， z 則是物體離開地面或任何其他平面的高度。這意思是說，你可以隨意把任何地點的位能定爲零。以後我們在用到位能時，重點是它的**變化**，所以即使我們在位能上加進一個常數，結果也不會受到影響。

其次是粒子之間的重力。此力的方向是從一粒子中心指向另一粒子中心，而它的強度則是正比於該兩粒子質量的乘積除以兩粒子距離的平方，即 $-mm'/r^2$ ，或寫成 $-m_1m_2/r^2$ ，或任何你喜歡的方式。

你們最好只記住力的方向，而不要去擔心正負號。你必須眞正記住的是：重力與兩粒子間距離的平方成反比〔所以到底是正號，還是負號呢？在這裡，因爲重力是相吸力，所以力的方向跟徑向量（radius vector）相反。你看，我並不記得正負號，但我記得**物理**上力的方向：粒子**相吸**，我只要記得這個就好了〕。

此外，表上說兩個粒子之間的**位能**爲 $-Gm_1m_2/r$ ，我也不太記得位能該是正的還是負的。但我們可以這麼推想：當兩個粒子彼此靠近時，會失去位能，它的意義就是當 r 變小時，位能應該隨之變小，所以位能只能是負值——我**希望**這是對的！我對正負的問題總是覺得滿頭大的。

對電來說，兩個電荷之間的力正比於該兩電荷 q_1 跟 q_2 之乘積除以它們距離的平方。不過比例常數並非放在分子裡（如上述的重力那樣），而是以 $4\pi\epsilon_0$ 的形式出現在分母中。電力的方向也是在徑向方向上，跟重力相同，但是正負號相反：電是同性**相斥**，所以電位能的正負號也就跟重力位能的正負號相反。而比例常數也不同：不是 G ，而是 $1/4\pi\epsilon_0$ 。

電學定律裡有幾件事需要在此一提：作用於 q 單位電荷上之力可以寫成 q 乘以電場 $\mathbf{E}$ ，也就是 $q\mathbf{E}$ ；而它的能量則是 q 乘以它的電位勢 ϕ，也就是 $q\phi$ 。請注意， $\mathbf{E}$ 是一個向量場，而 ϕ 是一個純量場。當 q 的單位爲**庫倫**，而 ϕ 的單位爲**伏特**時，所得到的能量單位即爲**焦耳**。

公式表裡的下一項爲理想彈簧，要把一根理想彈簧拉長 x 距離所需的力爲一常數 k 乘上 x 。現在你必須記住這兩個字母各自代表的意義：x 是你將彈簧拉離它平衡位置的距離，而此時該彈簧向回拉的力量爲 $-kx$ 。我加了一個負號在前面只是表明該彈簧是**往回**拉，而非向前推。這個自然用不著我說你也知道。它的位能爲 $\frac{1}{2}kx^2$ ，由於把彈簧拉長你得做功，所以在它被拉長後，位能爲正。對彈簧來說，正負號比較容易判斷。

你瞧，一些像正負號之類的細節我實在記不清楚，但是我可以論證的方式把它們重建出來——這是我如何記得所有我記不住的東西的辦法。

摩擦：在乾燥的表面上推動物體所遇到的摩擦阻力爲 $-\mu N$ 。跟看到其他公式一樣，你必須要瞭解每一個符號的意義：當一個物體因爲受到力而跟另一個表面貼在一起，如果此力在垂直於表面的分量爲 N ，那麼如果想讓物體沿著表面滑動，則物體需要一個大小爲 μ 乘上 N 的力。你可以很容易的推敲出摩擦力的方向：跟該物體滑動的方向相反。

不過在表 2.3 的摩擦位能這項，所列答案是**否**：原因是摩擦不是保守力，不會讓能量保持不變，以致於我們沒有摩擦的位能公式。如果在表面上向前推動物體，你得做功，待會兒把它拉回來時，你仍然還得做功，等到它回到了原處，你並非**沒有**做功，你做了功，因此摩擦無位能。

2-5 從範例中學習物理

以上是我記得的所有必要定律。那麼你可能會說：「如此的話就再容易不過啦：只要把這個混帳公式表硬背下來，我就成了物理通了！」可惜並不是這樣。

事實上，你若真的把它們背下來，也許一開始你會覺得滿管用，但是以後你會發現愈來愈困難，就像我在本書第1章所說的那樣。所以下一步我們應該學習的是，如何把數學應用到物理上，好來理解這個**世界**。方程式幫我們掌握種種事物，所以我們把它們當作工具來使用，但是要達此目的，我們必須搞清楚各個方程式所談的**對象**。

問題是，如何從舊的知識推論出新東西、如何解決問題，這非常難傳授，我不知道該如何做。我不知道該告訴你們什麼東西，就可以把你們從原先**不知**如何分析新情況跟解決問題的人轉變成**會**這麼做的人。這跟數學很不一樣，你若**不會**微分，我只要告訴你所有有關微分的法則，再給你一些習題練習一番，你就**會**了。但是物理就不同了，我無法把你從**不會**轉變成**會**，我不知道該怎麼做。

因為我**直覺上**能從物理觀點去瞭解怎麼一回事，但是這很難傳達。我唯一能做的是舉例給你們看。因此今天這節課的剩餘部分，以及下一節複習課的內容，將都是一些小範例——有關各種應用、有關物理世界或工業界的一些現象、有關物理學在不同地方的應用——目的是要示範給你看，如何利用你已知的知識，去瞭解或分析怎麼一回事，我想只有從這些範例著手，你們才能進入狀況。

我們曾發現許多古巴比倫數學書籍，其中竟有一大批是為學生設計的數學練習簿。這非常有趣：那些古巴比倫人知道如何解二次方程，他們甚至還有解三次方程式用的數據表，他們知道如何解析各種三角形（見圖2-3），他們還知道許多其他的數學，但是卻從沒有寫下過一個代數公式。顯然巴比倫人沒有寫公式的習慣，他們的教學方式是給學生一個接一個的範例——就這樣。大概是要你不停的看這些範例，直到悟得裡面的精髓。他們這麼做，是因爲古代巴比倫人沒有以數學形式來表達的能力。

今天我們缺乏如何告訴學生以**物理方式**去理解物理的適當表達

圖2-3 西元前1700年左右製作的普林頓322號泥板書（Plimpton 322，現存於哥倫比亞大學博物館），其上記載畢氏三元數組（Pythagorean triple）。

方式！我們能寫出各種定律，但是卻無法說出如何具體的去瞭解它們。由於我們不知道如何表達公式的物理意義，唯一能讓你們扎實的學會物理的方法，也許就是效法古巴比倫人的無聊做法，向你們示範一長串的問題，直到你們懂得其中奧妙。我所能做的就是這樣。古巴比倫學生若看過範例仍不開竅就被當掉，而開了竅的學生也死了，所以一切沒什麼不同！

好了，就讓我們開始一試吧。

2-6 實地瞭解物理學

我在本書第 1 章裡提到的第一個問題涉及了許多實質上的東西，其中有兩根臂桿、一隻滾輪、一個支軸、以及一個重物——我相信該重物之重量為 2 公斤。兩根臂桿所形成的直角三角形三邊比率剛好是 0.3 、 0.4 跟 0.5 ，而問題是如同圖 2-4 所示，滾輪上需要多大的水平推力 **P**，才能阻止重物落下來？當時讓我走了些冤枉路（事實上我做了兩次才得到了正確答案）之後，才算出滾輪所需要的水平推力相當於 $\frac{3}{4}$ 公斤的重量。見圖 2-5 。

現在，如果你不要去管那些方程式，仔細想一下子，然後拉起袖管、擺擺雙臂，你就幾乎可以知道答案了——至少**我**能。現在我得教**你**如何做到。

你可以說：「你瞧，重物的重力方向為垂直向下，相當於 2 公斤。此重物的重量顯然平均分配到支撐它的兩根臂桿上，所以每根臂桿對重物之垂直向上推力必然是 1 公斤。它們對重物的水平方向推力跟臂桿的傾斜度有關，在此例中它跟垂直方向推力之比率應該是 3 比 4 ，亦即水平推力相當於 $\frac{3}{4}$ 公斤重——問題結束。」

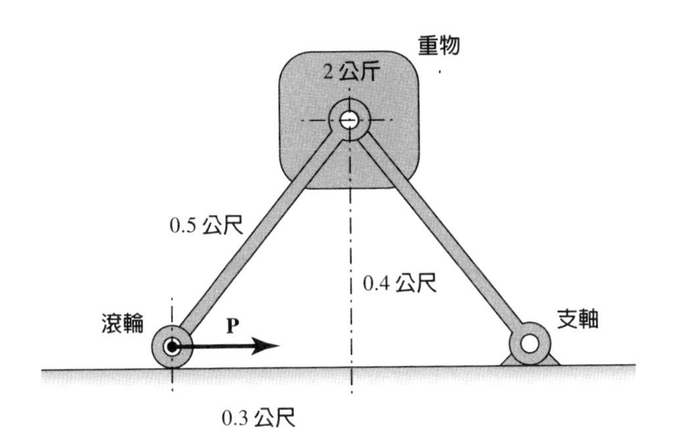

圖2-4 第1章的簡單機器

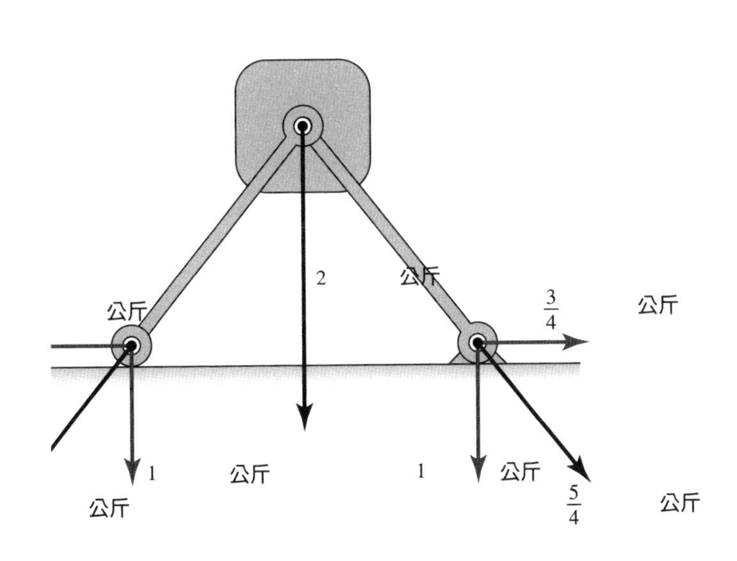

圖2-5 來自重物的力的分布，經過臂桿，到達滾輪和支軸。

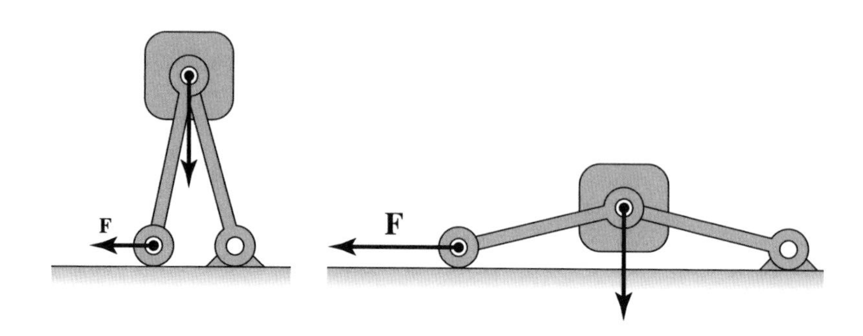

圖2-6 滾輪上的推力隨著重物位置的高低而改變。

現在讓我們看看這個想法是不是有道理：照這個想法，如果滾輪跟支軸靠近一些，也就是滾輪跟支軸之間的距離變短的話，那麼滾輪上的水平推力就應該會相對變小。如果眞是這樣，那是不是當重物的位置愈高，滾輪上的水平推力愈小？沒錯！（見圖2-6。）

如果你**看**不出來，我就很難解釋問題出在哪裡——不過假如你曾經用梯子去支撐住某件重物，而你如果把梯子直接架在重物**下**，它就比較不容易滑開。若梯子是傾斜著，就會愈來愈難頂住。事實上如果讓梯腳離牆愈遠，以致於梯子的另一端離地面的距離只有一點點，你會發現需要近乎無窮大的水平力，才能以很小的角度頂住物體。

這些事情你都可以憑藉**感覺**知道。當然並不**一定**得要依賴感覺，你也**可以**用作圖或計算等方式求出答案。但是當問題愈來愈難，當你試圖瞭解愈來愈困難的複雜自然現象，你會發現，如果你用猜想、感覺、跟瞭解**去替代實地動手計算**，你就會**愈**輕鬆愉快！所以你應該多多利用各式各樣不同的問題去做這些練習：當你有充裕的時間，而非在參加考試之類要盡快獲得答案的場合，你可以仔細檢視問題，同時想像若是更改問題中的一些數字，看看自己能否對答案隨著這些數字改變的**大略**情形有個譜。

如果要我解釋如何去感覺，我沒辦法告訴你。我記得有一回，我的學生中有一位數學成績很好，修物理課時卻遇到了很大的困難。他認爲無法解決的物理問題中有這麼一題：「有張三條腿的圓桌，如果你要靠在它上面，在什麼位置會讓這張桌子最不穩定？」

這位學生的答案是：「也許是在任何一條桌腿的正上方吧。但是讓我再想想：我想也許我應該去個別計算一下，在壓每一個不同地方時，會產生向上舉的力之類結果。」

於是我說：「別提計算啦，你能不能想像一張眞實的桌子呢？……」

「但那不是我們解題該用的方法呀！」

「別管**該**用什麼方法！你現在這裡有一張**真的**桌子，那麼你想你會靠在哪裡？假如你直接靠在一條桌腿上頭，會發生什麼事呢？」

「什麼都不會發生！」

我說：「答對了。那麼你若是去推桌面邊緣靠近兩條桌腿中間的位置，會發生什麼事呢？」

「桌子會被推翻。」

我說：「不錯！這不是好多了！」

這個故事的重點是在指出，這位同學之前並不瞭解這個問題不僅是數學題目，它描述的是一張有腿的眞實桌子。事實上，這張桌子嚴格說起來也並不完全**真實**，因爲它的桌面爲一個非常完美的正圓，三條腿完全筆直以及其他條件等等。但是**粗略的說**，它**幾乎**描述了一張眞實的桌子。因爲你知道**真實**桌子會有的情況，你就會對**這張**桌子會有什麼情況有概念了，而無須去作任何計算——你很清楚，圓桌的哪個部位一靠上去桌子就會翻倒。

所以，要我**解釋**，我也說不出個所以然來。不過只要你能領悟到，這些問題不是數學問題而是**物理**問題，你就邁進了一大步了。

現在，我就把這個方法應用一串問題上：第一個問題是關於機器設計，第二個有關衛星運動，第三個有關火箭的推進，第四個有關光束分析器（beam analyzer）。待我把這四個問題解說完，如果還有時間，我將討論 π 介子（pi meson）之衰變，以及其他一兩件事情。這些問題都相當困難，但是都各自表現出一些不同的特點。所以，我們就開始吧。

2-7 機器設計上的一個問題

首先講機器設計。這個問題是有兩根帶迴轉軸的臂桿，長度各爲半公尺，上面支撐著一個 2 公斤重的重物——很耳熟吧？——然而左手邊那個滾輪被某個機械裝置推著往前或往後，以每秒 2 公尺的速度在移動。清楚嗎？那麼請問你，**當那個重物的高度是 0.4 公尺的那一瞬間，那個機械裝置需要施多大的力呢**？（見圖 2-7）

你也許會想：「我們不是**做過了**這一題嗎？所需要的水平推力相當於秒 $\frac{3}{4}$ 公斤重的重力嗎？」

但是我認爲不妥，我說：「那個推力似乎應該**不是** $\frac{3}{4}$ 公斤，因爲這回重物是在**移動**呀！」

你也許會反駁說：「當一件物體在移動時，需要一個力維持它移動嗎？物理定律說不需要！」

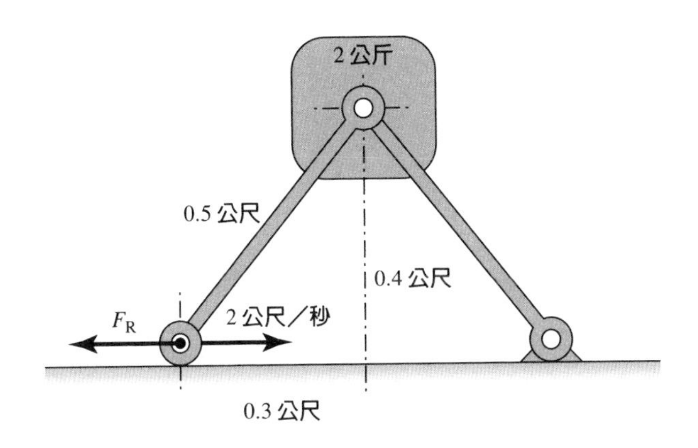

圖2-7 移動中的簡單機器

「但是要**改變**物體的運動時就需**要**力呀！」

「不錯，但是你不是說那個滾輪正在以等速度移動嗎！」

「啊，是呀，那個滾輪的確**是**以每秒2公尺的等速在移動，但是那個重物呢？**它**是否也在以等速度在移動呢？讓我們**感覺**一下：重物會不會有時快有時慢呢？」

「會吧……」

「那麼這運動是在**改變**呀——這就是我們的問題所在了。我們必須計算出當滾輪是以每秒2公尺移動，而該重物的高度等於0.4公尺的那一瞬間，滾輪上所需要的水平推力。」

我們現在來看看是否瞭解該重物的速度是如何在變。

首先考慮該重物的高度在接近最高點時，也就是滾輪幾乎位於重物的正下方，那時重物幾乎沒有上下移動。在這樣的位置，重物移動得**不**很快。但是如果重物很低，如同我們前面討論過，那時你只要把滾輪往右邊推過去一點點——哎呀不得了，該重物必須上升一大段距離，才不會擋住滾輪！所以當我們從滾輪可能到達的最遠一點開始，以固定每秒 2 公尺的速度往右移動滾輪，最初該重物上升的速度非常快，之後會逐漸慢下來，對吧？像這樣先快後慢的上升情形，它的加速度是朝哪個方向呢？答案必然是朝**下**：有點像我把它向上拋，它的速度先快而後慢——跟它下落的情形類似，因此所需要的力一定**減少**，也就是在此情形下，我們施加於滾輪上的水平推力，必然比前述靜止情況下的推力要小些。（我之所以講了這許多，原因是我沒法確定方程式中的正負號，所以我只好先用這種物理論證去弄清楚正負號。）

順便一提，這個問題我曾解過四次——每次最初都做錯——好在我都能及時把錯誤改正過來，最後得到了正確答案。我瞭解當你初次遇到一個問題時，會出現太多太多的事情把你搞糊塗。我曾經把數字張冠李戴的搞混過、忘了取平方、把時間的正負號寫錯，以及犯了許多其他的錯誤，然而無論如何，**現在**錯誤都已改正，所以我可以告訴你們正確的解法——但我必須坦白承認，當初我可是費了很大的功夫才把正確解法研究出來。（幸好我沒把當時的筆記弄丟了。）

現在爲了把力算出來，我們需要知道上述的加速度。但是此加速度無法從圖（圖 2-7）上看出來，因爲這個圖只能告訴我們在某瞬間各物體的位置。但我們如果要找出變化率，我們就不能只看固定於某時刻的圖——我的意思是，我們不能說：「嗯，這是 0.3，這是 0.4，這是 0.5，這是每秒 2 公尺，於是重物的加速度就是每秒每秒若干公尺！」沒那麼簡單算出來。求加速度的唯一辦法是：先找出位置隨著時間變化的關係，然後對時間微分。[5] 然後帶入特定的時間（也就是圖 2-7 所對應的時間），就可以算出加速度。

所以我必須就一般性（也就是重物在某任意位置）的狀況來分析事情。假如我們把滾輪跟轉軸重合的時間點設在 $t = 0$ 時，那麼由於滾輪是以每秒 2 公尺的固定速度移動，滾輪跟支軸之間的距離應爲 $2t$ 。我們想知道的那個特殊時間點（當重物的高度爲 0.4 公尺時），應該是在它們會合前 0.3 秒，也就是 $t = -0.3$ 秒。由此看來，它們之間距離其實應該爲**負** $2t$ 而非 $2t$ ——但是我們也可以只取絕對值而讓 $t = 0.3$ ，而距離爲 $2t$ 。在計算過程中，正負號很容易搞錯，我的應付辦法是開始做數學運算時不用太計較，以後才根據物理現象去決定結果的正負，亦即依照物理來推定數學值的正負。這對我來說要容易一些（**你們**最好不要學我，因爲這相當困難，需要很多練習）。

（請記住 t 的眞正意思： t 是滾輪、轉軸會合之前的時間，它是某種負時間。這種負時間會把每個人弄瘋，但是我忍不住這麼用——因爲這就是我的方法。）

接下來，由於重物的位置（水平方向上）永遠都是滾輪跟轉軸之間的中點，所以如果我們把座標系的原點設在轉軸上，那麼重物在 t 時之 x 座標爲 $x = \frac{1}{2}(2t) = t$ 。由於兩根臂桿的長度爲 0.5 公尺，根據畢式定理，該重物的高度或它的 y 座標應該是 $y = \sqrt{0.25 - t^2}$（見圖 2-8）。你能想像嗎？當初我第一次做這道問題時，即使我非常小心，居然還把 y 寫成了 $y = \sqrt{0.25 + t^2}$ ！

現在我們需要計算加速度，加速度有兩個分量：水平加速度與垂直加速度。如果有水平加速度，就會有水平力，那麼，我們必須

[5] 原注：見本書第 110 頁之「其他種解法 A」，它告訴我們如何不用微分算出重物的加速度。

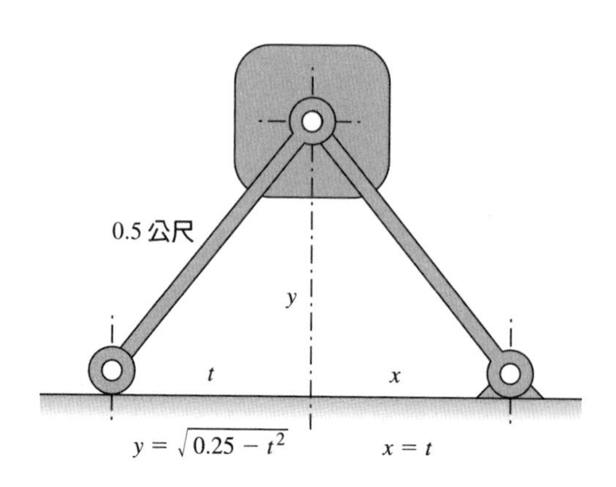

圖 2-8　利用畢氏定理求重物的高度

追究**此**水平力如何經由臂桿而施於滾輪之上。幸好問題沒有看起來的那麼複雜，因爲事實上水平方向**沒有**加速度——重物之 x 座標永遠是滾輪之 x 座標之一半，兩者移動方向相同而前者速率是後者的一半。也就是說，重物在 x 方向上固定的每秒移動 1 公尺。所以謝天謝地，沒有水平加速度，因此問題簡單多了，我們只需要知道它在垂直方向的加速度。

爲了要得到加速度，我們得把位置函數對時間微分兩次：一次是爲了得到 y 方向的速度，再一次是爲了得到加速度。重物的高度爲 $y=\sqrt{0.25-t^2}$，你現在應該能夠很**快**的寫出它的微分：

$$y' = \frac{-t}{\sqrt{0.25 - t^2}} \tag{2.18}$$

它是負的，雖然該重物是在往上走的。我對正負號很不在行，我會先就讓它這樣，不去改它。我知道速度往上，所以 t 如果是正值的話就錯了，但是 t 其實是負值，所以答案並沒有錯。

接下來，我們要計算加速度，可以用好幾種不同的方法：你可以用平常的方法來做，但是我要用本書第 1 章中我教你們的那個「超棒」的方法：你先把 y' 照抄一遍，然後說：「我要微分的第一項的冪次爲 +1，該項 $-t$ 的微分爲 -1。我要微分的下一項的冪次爲 $-\frac{1}{2}$，該項本身爲 $0.25-t^2$，其微分爲 $-2t$。**完成！**」

$$
\begin{aligned}
y' &= -t(0.25 - t^2)^{-1/2} \\
y'' &= -t(0.25 - t^2)^{-1/2}\left[1 \cdot \frac{-1}{(-t)} - \frac{1}{2} \cdot \frac{-2t}{(0.25 - t^2)}\right]
\end{aligned} \tag{2.19}
$$

現在，我們有了在任何時間的速度跟加速度函數，但是我們想求的是力，所以還要乘以質量。所以力等於質量（在此爲 2 公斤）乘以這個加速度。這個力來自加速度，是重力之外的額外力量。讓我們把數值代入式子裡：由於 t 是 0.3，$0.25-t^2$ 的平方根就等於 0.25 減去 0.09 後開平方，或 0.16 開平方，也就剛好等於 0.4 ——啊，還眞方便！那麼究竟對不對呢？先生，答案的確正確無誤！因爲這個平方根應該就等於 y 本身嘛，而根據我們的圖解，當 t 是 0.3 時，y 等於 0.4，證明計算沒有出錯。

（由於我做計算時經常容易出現差錯，我習慣於在計算過程中，隨時檢查結果。檢查方式有二，其一就是很仔細的做數學運算，其二是不斷注意出現的數字是否合理、它們是否跟事實相符。）

現在我們開始計算。（我頭一次解此問題時，錯以爲 $0.25-t^2 = 0.4$ 而不是 0.16。這個差錯讓我後來花了很大功夫才發現！）我們得到了某個數字[6]，它差不多等於 3.9。

所以重物的加速度為 3.9，因此造成此加速度的力是 3.9 乘上 2 公斤乘上 g。錯啦！我忘了這兒不應該有 g，3.9 是眞正的加速度，而加速度乘上質量就是力嘛。所以重物在垂直方向上所受的力是兩項的和：一是重力，即 2 公斤乘以重力加速度 g，即 9.8；另一則是來自此加速度的力，亦即 3.9 乘上 2 公斤。這兩項力的相對正負號是相反的，所以你將它們相減，而得到

$$F_w = ma - mg = 7.8 - 19.6 = -11.8 \text{ 牛頓} \tag{2.20}$$

但是記住，這只是該重物受到的**垂直**力，那麼推向**滾輪**的**水平**力又是多大呢？答案是此水平力等於作用在重物上的垂直力的一半的四分之三。原因猶如我們前此討論過的：由於特定的幾何形狀，$\frac{3}{4}$ 是來自水平力與垂直力之比值，而且由於兩根臂桿各承受了一半的力，所以必須將垂直力除以 2。因此，推向滾輪的水平力只有重物受到的垂直向上推力之八分之三。我把每一部分都乘以八分之三：重力部分等於 7.35，源自加速度那一項等於 2.925，兩者之差別為 4.425 牛頓——比維持該重物待在同一個位置靜止不動所需的滾輪水平力小了將近 3 牛頓（見圖 2-9）。

不管怎麼說，這就是你如何設計機器；你得知道需要多大的力量才能把它向前推。

這時候你問了，這就是正確的法子嗎？

沒有這回事！做任何事都沒有一定的「正確」方法，用某一個

[6] 原注：3.90625

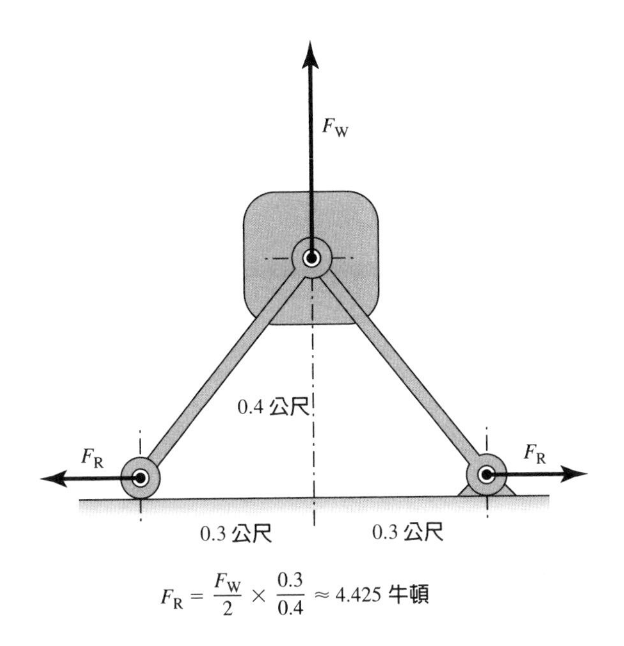

圖 2-9 利用相似三角形求取滾輪的水平力

特殊方法做出來的結果也許正確，但是該方法絕非**唯一**的正確方法。你可以用任何你喜歡的方法！（噢，抱歉，有些方法是**不正確**的……）

如果我夠聰明，也許我只須瞄一眼，就能告訴你那力量有多大，然而我**沒**那麼聰明，所以我得用**某種**方法去算——但是可用的辦法**很多**。下面我要示範另一個非常有用的方法，特別是如果你正在設計眞實機器的話。由於我不想讓計算太過複雜，所以我刻意讓兩支臂桿的長度相等，並做了其他安排來簡化問題。但是問題所涉及的**物理概念**應該能讓你從另一個不同角度把整個問題解決，即便題目中的各種幾何關係並非如我們先前設定得那麼簡單。以下就是這個有趣的另一個方法。

你有個機器，上有許多槓桿可移動許多重物。你能做的有：當你去驅動這件機器時，因爲槓桿的關係，其上的重物都開始移動，因而你在做了某些功 W。在你使力期間內的任一時刻，你都在對物體做功，你做功的速率即是功率，也就是 dW/dt。同時，所有重物的總能量 E 也在改變，改變的速率爲 dE/dt。這兩個速率應該相等；也就是說，你做功的功率應該等於全部重物的總能量的變化率：

$$\frac{dE}{dt}=\frac{dW}{dt} \tag{2.21}$$

你記得我曾在課堂上講過，功率是等於力乘以速度：[7]

$$\frac{dW}{dt}=\frac{\mathbf{F}\cdot d\mathbf{s}}{dt}=\mathbf{F}\cdot\frac{d\mathbf{s}}{dt}=\mathbf{F}\cdot\mathbf{v} \tag{2.22}$$

所以我們就有

$$\frac{dE}{dt}=\mathbf{F}\cdot\mathbf{v} \tag{2.23}$$

我們知道在任一個時刻，這些重物都有某個速率，因而它們具有動能。同時由於它們離地有個高度，因此具有位能。所以如果我們能找出這些重物的移動速率以及它們的位置，就能計算出它們的總能量，然後我們把它對時間微分，就會等於力在受力物體運動方

[7] 原注：請見《費曼物理學講義》第 I 卷第 13 章。

向上的分量乘以物體的速率。

讓我們來瞧瞧，是否可以把以上的想法應用在解決我們的問題上。

當我用一個力 $\mathbf{P} = -\mathbf{F}_R$ 推滾輪，而滾輪移動的速度爲 $\mathbf{v}_R$ ，那麼當時整個機器的能量的時間變化率就應該等於力的**大小**乘上速率，即 $F_R v_R$ ，因爲在此特殊例子中，力和速度的方向相同。這並非一個一般性的公式，因爲如果我想知道在**另一個方向**上的力爲何，我就不能夠直接用這個方法來得到答案，因爲這個方法只可以給你力在物體運動方向上的分量（即力實際做功的分量）！（當然，因爲你知道力的方向跟臂桿的方向一致，你還是可以間接得到答案。如果有更多根臂桿相連，只要力的方向是在運動方向上，這個方法還是管用的。）

那麼那些機器上內部的力所做的功呢？例如滾輪、支軸、以及該機器其他結構部分所做的功又該如何處理呢？如果它們在前進時沒有受到**其他**的力，那麼它們就**不會**做功。比方說，如果有人坐在機器另一邊，當我在推這個滾輪時，那位先生也在拉另一邊，那麼我也就必須同時考慮那人所做的功！然而其實沒有另一個人那麼做，所以當 $v_R = 2$ 時，我們得到

$$\frac{dE}{dt} = 2F_R \tag{2.24}$$

所以只要我能計算出 dE/dt —— 把它除以 2 ，就是我們要的**力**！

沒問題吧？讓我們來試試。

我們知道重物的總能量有兩部分：動能加位能。其中的位能很簡單，就是 mgy（見表 2-3），而我們已經知道 y 等於 0.4 公尺、 m

是 2 公斤、g 是每秒每秒 9.8 公尺，所以位能就等於 $2 \times 9.8 \times 0.4 = 7.84$ 焦耳。那麼動能又是多少呢？這也不是什麼大問題，只要玩弄一下，我一定能把該重物的速度算計出來。有了速度，就可以得到動能，我們等一下就來算；一旦得到總能量就把問題解決了。

可是其實我還**沒**能解決問題，因爲我們**要**的並不是能量！而是能量對時間的**微分**。你無法光從它**現在**是多少，去計算出它的變化率！你必須算出在很靠近的兩個時間點（例如現在與緊跟著的下一瞬間）上的能量值，或者你可以用數學公式將任意時間 t 的能量計算出來，然後對 t 微分。至於要用哪一個方法，就得看哪個方法比較容易：或許算出能量在兩個時間點上的值，比求出任意情況下的能量式子然後微分來得更簡單。

（大多數人面對這個問題都會馬上想去弄出一個能量的時間函數，然後對時間微分，原因是他們對算術不熟悉且欠缺經驗，所以不瞭解以數字來計算比起用字母運算要更有威力，也更簡單。不過儘管話是這麼說，以下我仍然是要用字母來運算。）

我們要再度解題，此處 $x = t$，及 $y = \sqrt{0.25 - t^2}$，所以我們應該能算出微分。

首先，我們需要位能。這很容易得到，它等於 mg 乘上高度 y，結果就是：

$$\begin{aligned} P.E. &= mgy = 2\text{ 公斤} \times 9.8\text{ 公尺／秒}^2 \times \sqrt{0.25 - t^2}\text{ 公尺} \\ &= 19.6\text{ 牛頓} \times \sqrt{0.25 - t^2}\text{ 公尺} \qquad (2.25) \\ &= 19.6\sqrt{0.25 - t^2}\text{ 焦耳} \end{aligned}$$

比較有趣、也比較難處理的是動能。由於動能等於 $\frac{1}{2}mv^2$，想要得到動能，我們得找出速度的平方，那要花一些力氣：速度的平方，等於速度的 x 分量的平方，加上 y 分量的平方。我可以用之前的方法去算出 y 分量，至於 x 分量，我前面已經說過，它等於 1（即每秒 1 公尺）。我可以算出它們的平方，然後加起來。但是假設這些計算，我之前都沒有做過，而我希望用**另外**一種方法來求得速度。

一位優秀的機器設計者在仔細思考之後，通常能從機器的配置以及幾何原理把答案計算出來。例如，由於支軸是固定的，所以重物的運動路徑，必然是以該支軸爲中心的圓。既然如此，它的速度會是朝向哪兒呢？因爲臂桿不能改變長度，所以重物的速度在與臂桿**平行**的方向上，**不會**有分量，對吧？因此，速度方向必然跟臂桿**垂直**（見圖 2-10）。

你也許會對自己說：「噢！這招我得好好學下來！」

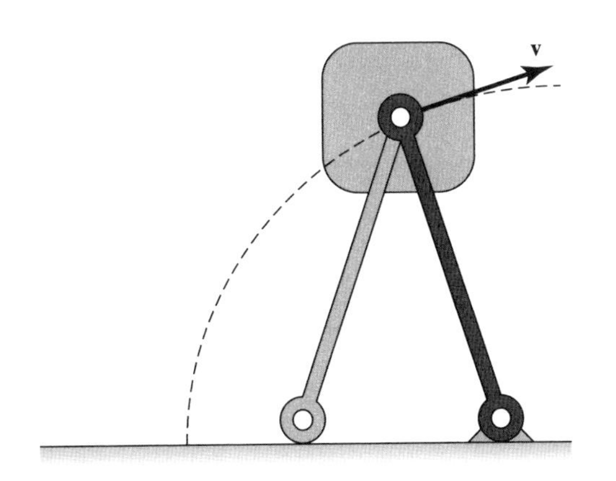

圖 2-10　重物沿著一圓移動，所以它的速度與臂桿垂直。

錯啦。這一招的適用範圍不大，只能用在特殊問題上。你很少會遇到要計算繞著定點旋轉的東西的速度；我們不會碰上類似「速度會垂直於臂桿」的規則。你必須盡可能經常用上你的常識。重要的是運用幾何來分析機器的這個一般性想法，而不是任何特定的規則。

所以現在我們知道了重物速度的方向，而我們已經知道此速度的水平分量等於每秒 1 公尺，原因是它正是滾輪速率的一半。但是你瞧！以速度爲斜邊的直角三角形，不就跟以臂桿爲斜邊的另一個直角三角形相似嗎！由於兩個相似三角形的邊長有正比關係，所以我們可以很容易的從速度的水平分量求得速度的大小（見圖 2-11）。

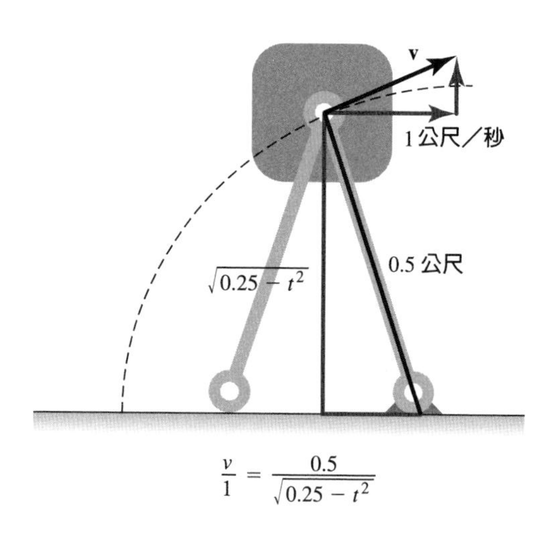

圖 2-11　利用兩個相似三角形，求得重物之速度。

最後我們求出重物的動能：

$$K.E. = \tfrac{1}{2}mv^2 = \tfrac{1}{2} \times 2 \text{ 公斤} \times \left(\frac{0.5}{\sqrt{0.25 - t^2}} \text{ 公尺/秒}\right)^2$$
$$= \frac{1}{1 - 4t^2} \text{ 焦耳} \tag{2.26}$$

現在我們來弄清楚正負號：動能一定是正的，而且由於重物的高度是從地面量起，所以位能也是正的。所以符號沒問題了。在任何時間 t 的能量爲

$$E = K.E. + P.E. = \frac{1}{1 - 4t^2} + 19.6\sqrt{0.25 - t^2} \tag{2.27}$$

接下來爲了要求得滾輪上的水平推力，我們需要求上述能量的微分，然後再除以 2 就大功告成了。（我解題時看起來似乎十分輕鬆，但這種印象是錯的。我發誓我可是做了好幾次，才把正確答案做出來。）

現在我們把能量對時間微分，這個步驟你們現在應該會做，我也不想爲此耽誤時間，所以直接把 dE/dt 得到的答案寫下來（再次提醒，這個微分是我們想求的力的兩倍）：

$$\frac{dE}{dt} = \frac{8t}{(1 - 4t^2)^2} - \frac{19.6t}{(0.25 - t^2)^{1/2}} \tag{2.28}$$

這樣，我就做完了。我只需要讓 t 等於 0.3 ，就得到答案。嗯，也不全然是這樣 —— 爲了得到正確的正負號，我必須用 $t = -0.3$ ：

$$\frac{dE}{dt}(-0.3) = -\frac{2.4}{0.4096} + 19.6 \times \frac{0.3}{0.4} \approx 8.84 \text{ 瓦特} \tag{2.29}$$

現在，讓我們來看看這結果合不合理。如果一切皆靜止不動，我當然無須考慮動能，總能量就只剩下位能，而其微分應該就是相當於它重量的力。[8] 嗯，不錯。上式的第二項果然跟我們在第 1 章裡計算出來的答案一樣：2 乘以 9.8 乘以 $\frac{3}{4}$。

(2.29)式的右手邊第一項是負的，因爲物體在減速，所以它正失去動能；第二項是正的，因爲物體在往上走，所以它正獲得位能。無論如何，兩者的正負號是相反的，我只需要知道這些，你可以把數字都代進式子裡，果然，所得到的力和先前的一樣：

$$2F_{\mathrm{R}} = \frac{dE}{dt} \approx 8.84$$
$$F_{\mathrm{R}} \approx 4.42 \text{ 牛頓} \tag{2.30}$$

事實上，這就是我要做許多次計算的原因：最初我得到了一個實際上是錯誤的答案，心裡卻十分滿意，以爲它就是正確答案。但我決定用完全不同的方法再試一次，沒料到作出來的答案居然完全不同，卻也十分滿意！在你努力工作之際，偶爾你會這麼想：「我終於發現了數學也有自相矛盾的時候！」可是很快你就會發現其實是自己算錯了。

不管怎麼說，以上所述只是解決此問題的兩個方法，任何問題都不會只有獨一無二的解法。利用更多的智巧，你應該能找出其他更省事的解題方法，不過那需要先累積些經驗才行。[9]

2-8 地球的脫離速度

這堂課剩下的時間不多，我接下來要講的是有關行星運動的一些問題，看樣子，今天肯定無法把這些問題講完，其他的就得留到下一堂課裡再講。首先我們要問的是：什麼是脫離地球表面所需要的速度？也就是任何東西若是要剛好能逃離地球的重力，速度需要多快？

一種解決這個問題的方法是計算出在重力影響下的運動，另一個方法是利用能量守恆。當那樣東西到達了距離地球無窮遠處，動能變成了零，位能則是離開地球無窮遠時的位能。根據表 2-3 的重力位能公式，當粒子在無窮遠處，它的位能也等於零。

所以，當某物體以脫離速度離開地球表面時，它的總能量必須跟它在無窮遠時的總能量相同，且此時地球的重力把物體的速度降爲零（假設其間沒有涉及任何其他力）。如果 M 代表地球的質量、R 爲地球半徑、而 G 爲萬有引力常數，那麼我們發現脫離速度之平方必然等於 $2GM/R$。

[8] 原注：能量對滾輪位置的微分即等於滾輪所受的力之大小。不過在此特殊例子裡，滾輪的位置剛好等於 $2t$，所以能量對於 t 的微分就等於滾輪所受的力的 2 倍。

[9] 原注：請參考本章末尾的〈其他種解法〉一節，其中還有解決此問題的另外三個方法。

$$(K.E. + P.E.)\text{ 在 }\infty, v = 0 \quad = \quad (K.E. + P.E) \quad R, v = v_{\text{脫離}}$$

（能量守恆）

$$P.E.\text{ 在 }\infty = -\frac{GMm}{\infty} = 0 \qquad P.E.\text{ 在 }R = -\frac{GMm}{R}$$

$$K.E.\text{ 當 }v = 0 = \frac{m0^2}{2} = 0 \qquad K.E.\text{ 當 }v = v_{\text{脫離}} = \frac{mv_{\text{脫離}}^2}{2}$$

$$+ \qquad\qquad +$$

$$0 = \left(-\frac{GMm}{R} + \frac{mv_{\text{脫離}}^2}{2}\right)$$

$$\therefore v_{\text{脫離}}^2 = \frac{2GM}{R} \tag{2.31}$$

附帶一提，重力常數 g（即地球表面附近的重力加速度）等於 GM/R^2，因爲質量爲 m 的物體，所受的重力爲 $mg = GMm/R^2$。由於重力常數 g 比較容易記得，我可以用 g 來表示脫離速度 $v^2 = 2gR$。我們知道，g 爲 9.8 公尺／秒 ^{2}，而地球半徑爲 6400 公里，所以地球的脫離速度即是

$$\begin{aligned} v_{\text{脫離}} &= \sqrt{2gR} = \sqrt{2 \times 9.8 \times 6400 \times 1000} \\ &= 11{,}200\text{ 公尺／秒} \end{aligned} \tag{2.32}$$

所以，你的速度要在每秒 11.2 公里以上，才能脫離地球——還眞是非常快呢！

接下來我要講的是，如果你以每秒 15 公里的速率，在跟地球有些距離的情況下，快速**通過**地球，會發生什麼事情？

現在，如果有樣東西以每秒 15 公里的速率從地球表面垂直往

上射出去，它就具有足夠的動能逃出地球的掌握。但是如果它**不是**垂直往上射，是否也能逃離地心引力呢？它有沒有可能會繞回來呢？答案似乎並不是讓人一眼就能看出來，我們得仔細想想。也許你會說：「它有足夠的能量脫離。」但是你怎麼知道呢？我們剛才並沒有計算以**那個**方向出發的脫離速度。由地球從側面施加重力而造成的加速度，是不是足夠使它轉彎飛回來？（見圖 2-12）

原則上，這樣的情形**是**可能的，你知道有條定律說，在相同的時間內物體會掃過相同的面積。所以你知道物體遠離時，會被拉向側面，但是我們不清楚脫離的運動，會不會有些朝向側邊，以致於即使以每秒 15 公里的速度也逃不出去。

事實上，每秒 15 公里的速度，的確能讓該物體逃離——只要速度大於我們計算出來的脫離速度，該物體就一定能逃出地球。只要該物體**能**逃離，它**就會**逃離——雖然這不是不證自明的——下一

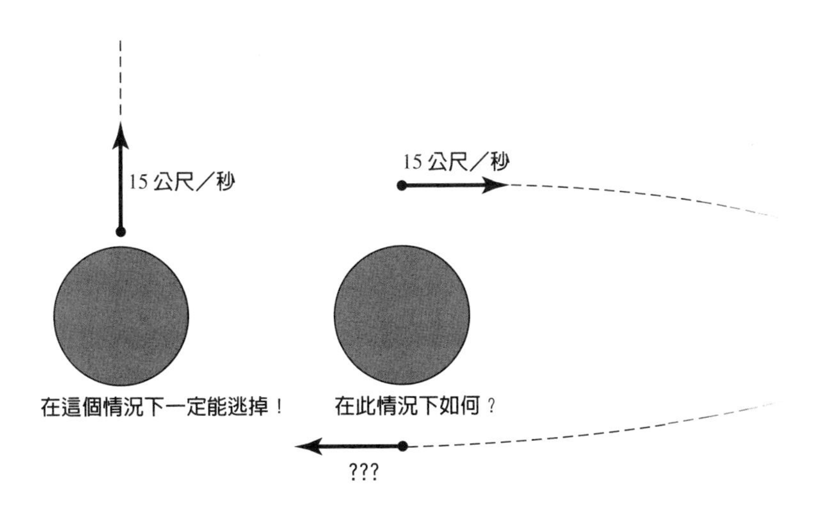

圖 2-12　具有脫離速度的東西**保證**能逃掉嗎？

堂課我將會證明給你們看。爲了讓你們自己能先試試看，我在此先給一點關於我將如何證明的提示。提示如下。

我們將利用該物體在運動軌跡上 A 跟 B 兩處的能量守恆。如圖 2-13 所示， A 是該物體距離地球最近的一點，它跟地球的距離爲 a 。而 B 是距離最遠的那點，跟地球的距離爲 b 。根據能量守恆律，我們知道該物體在 A 點的總能量，等於它在 B 點的總能量。所以如果知道它在 B 點的速度，我們就可以計算出它的位能，從而算出距離 b 。但是我們並不知道它在 B 點上的速度！

其實我們可以知道它在 B 點上的速度：從剛提到的在相同時間內掃過相同面積的定律，我們知道它在 B 點上的速率，必然比在 A 點上的速率低，而且兩者之間有一定的比率——事實上，比率就是

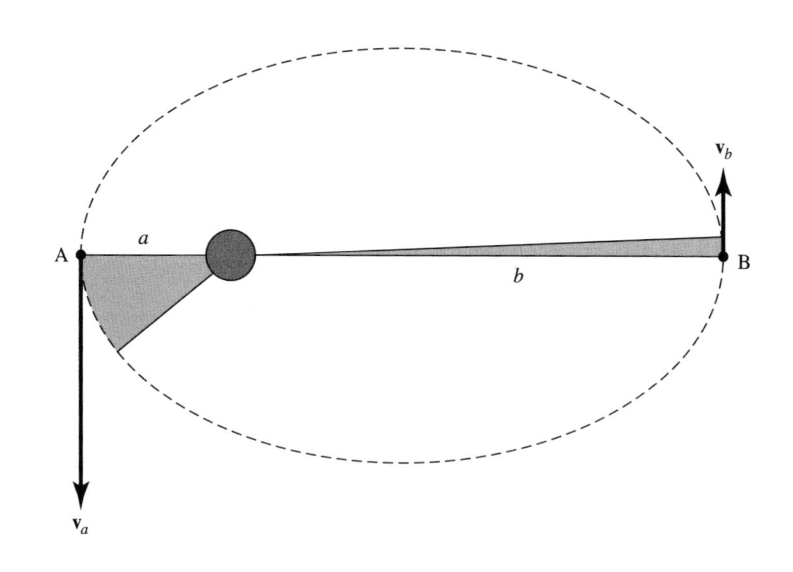

圖 2-13　衛星離開地球最近與最遠時的距離與速度

a 比 b 。利用這個事實就可以算出在 B 點的速率，進而求出距離 b 跟 a 的關係。這些我們下一節課再討論。

其他種解法

高利伯提供

以下是解決本章（第 2-7 節）機器設計問題的另外三種方法。

A 利用幾何方法求出重物的加速度

由於重物的水平位置永遠是在滾輪跟支軸的正中間，所以它的水平速率爲每秒 1 公尺，是滾輪速率的一半。又重物是做圓周運動（以支軸爲圓心），所以它的速度方向與臂桿成直角。利用兩個相似三角形之間的等比關係，我們求得重物的速率（見圖 2-14a）。

因爲重物做圓周運動，它加速度的徑向分量爲

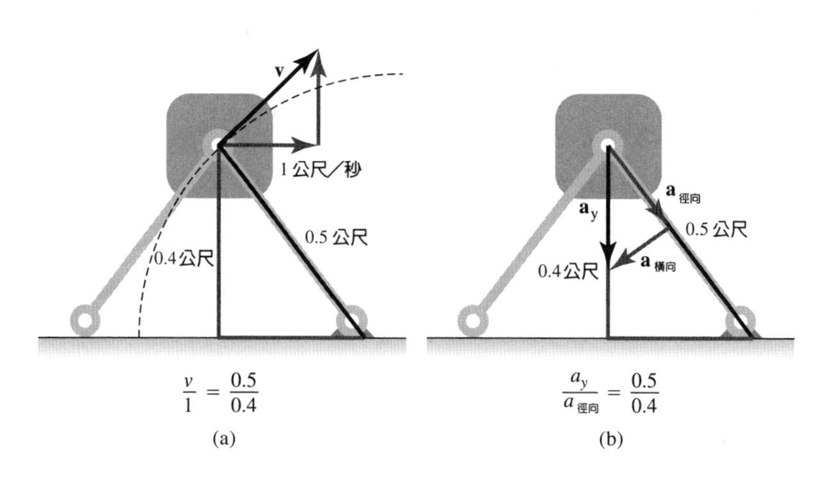

圖 2-14

$$a_{\text{徑向}} = \frac{v^2}{r} = \frac{(1.25)^2}{0.5} = 3.125$$

如同(2.17)式。重物的垂直加速度等於它的徑向分量跟其橫向分量之和（見圖2-14b）。

再次利用相似三角形的正比關係，我們求得垂直加速度：

$$a_y = \frac{a_y}{a_{\text{徑向}}} \times a_{\text{徑向}} = \frac{0.5}{0.4} \times 3.125 = 3.90625$$

B 利用三角學方法求出重物的加速度

由於重物是沿著半徑爲 $\frac{1}{2}$ 公尺的圓周在移動，所以它的運動方程式可以用臂桿和地面之間的夾角來表示（見圖2-15）。

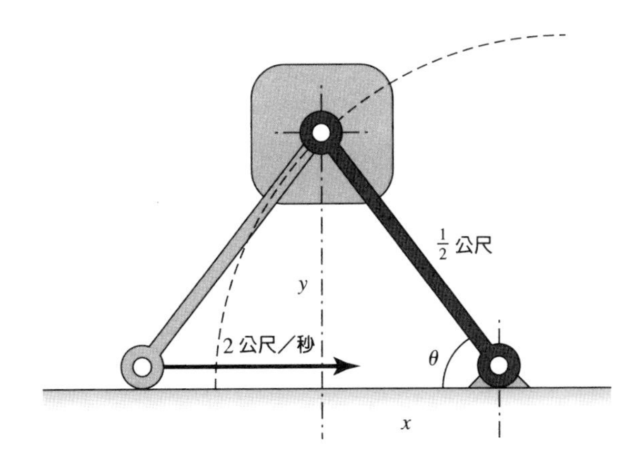

圖 2-15

$$x = \tfrac{1}{2}\cos\theta$$
$$y = \tfrac{1}{2}\sin\theta$$

重物之水平速率爲 1 公尺／秒（爲滾輪速率之一半）。所以 $x = t$，$dx/dt = 1$，$d^2x/dt^2 = 0$。我們只要將 y 對於 t 微分兩次就可以算得垂直加速度。但是首先因爲 $t = \frac{1}{2}\cos\theta$，

$$\frac{d\theta}{dt} = -\frac{2}{\sin\theta}$$

所以，

$$\frac{dy}{dt} = \tfrac{1}{2}\cos\theta \cdot \frac{d\theta}{dt} = \tfrac{1}{2}\cos\theta \cdot \left(-\frac{2}{\sin\theta}\right) = -\cot\theta$$
$$\frac{d^2y}{dt^2} = \frac{1}{\sin^2\theta} \cdot \frac{d\theta}{dt} = \frac{1}{\sin^2\theta} \cdot \left(-\frac{2}{\sin\theta}\right) = -\frac{2}{\sin^3\theta}$$

當 $x = t = 0.3$，$y = 0.4$，而 $\sin\theta = 0.8$（因爲 $y = \frac{1}{2}\sin\theta$）。所以垂直加速度的大小爲

$$a_y = \left|\frac{d^2y}{dt^2}\right| = \frac{2}{(0.8)^3} = 3.90625$$

C 利用力矩與角動量求出重物所受的力

重物上之力矩爲 $\tau = xF_y - yF_x$。由於其水平速率固定爲每秒 1 公尺，所以沒有水平力：$F_x = 0$。由於 $x = t$，於是力矩就化約成 τ

$= tF_y$。根據定義，力矩是角動量對於時間的微分。所以如果能夠找出重物之角動量 L，我們就可以把它微分，然後除以 t 而求得 F_y：

$$F_y = \frac{\tau}{t} = \frac{1}{t}\frac{dL}{dt}$$

因爲重物是在做圓周運動，要求其角動量 L 並不困難。它的角動量就是臂桿之長度 r 乘以重物之動量，也就是質量 m 乘以速率 v。速率 v 可利用費曼的幾何方法求得（見圖 2-16），或是直接微分重物之運動方程式。

把以上所說的彙整在一起，我們就得到：

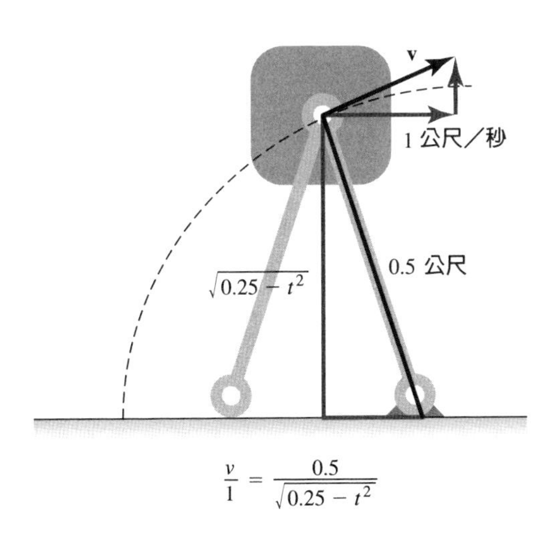

圖 2-16

$$F_y = \frac{1}{t}\frac{dL}{dt} = \frac{1}{t}\frac{d}{dt}(rmv) = \frac{rm}{t}\cdot\frac{d}{dt}\left(\frac{0.5}{\sqrt{0.25 - t^2}}\right)$$
$$= \frac{0.5\cdot 2}{t}\cdot\frac{0.5t}{(0.25 - t^2)^{3/2}} = \frac{4}{(1 - 4t^2)^{3/2}}$$

在時間 $t = 0.3$，我們得到 $F_y = 7.8125$。把它除以 2 公斤，我們就又再一次得到了垂直加速度：3.90625。

第3章 問題與解答

複習課第三講

今天我們繼續複習如何藉著解一些題目來學習物理。我所選擇的範例都是精巧的、複雜的困難問題，我把比較簡單的問題留給你們自己去做。

此外，我也遇上了所有教授都會遇上的困擾——那就是講課時間似乎總是不夠使用，我老是準備了太多教材，根本沒有時間講完，因此只有想辦法把講課速度加快，例如事先就把公式寫在黑板上等等，因爲我也像其他教授一樣，一廂情願的認爲：講的東西愈多，就能教給學生愈多東西。然而，事實上人腦的吸收速度有上限，但我們卻往往忽略了此現象，把課講得過快。所以，這回我想放慢步伐，看看效果是否能改善一些。

3-1 衛星運動

上一堂課，我所講的最後一個問題是關於衛星運動。當時我們討論的問題是：如果一個粒子離開太陽、或地球、或任何其他具有質量 M 的東西的距離爲 a，並且以脫離速度沿著圓周切線方向前進，這個粒子是否事實上會脫離，這個問題並非一眼就能看出端倪來。如果它的運動方向垂直向上，也就是徑向，那麼粒子的確**會**脫離；但如果粒子的運動方向與徑向垂直的話，則是另一個問題（見圖 3-1）。

結果是，如果我們還記得克卜勒定律（Kepler's laws），加上類似能量守恆等其他定律，我們就能理解到：如果粒子逃**不**掉的話，它會在橢圓軌道上運行，而且我們還能計算出來粒子可以到達的最遠處究竟有多遠，我們現在就是要把它算出來。假設該橢圓軌道的近日點爲 a，那麼遠日點 b 有多遠？（對了，我原來是要把這個問

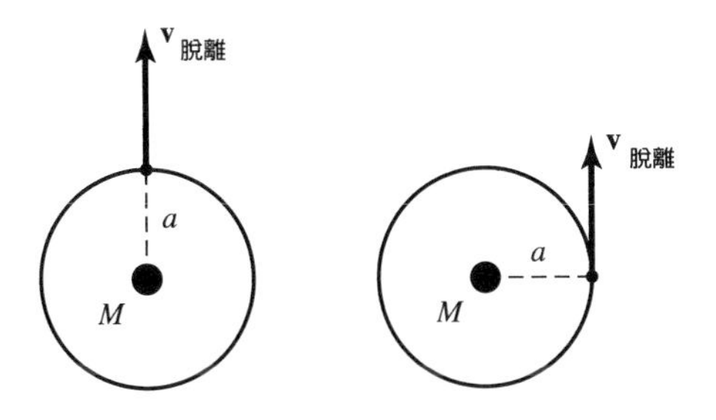

圖3-1 徑向與垂直於徑向的脫離速度

題寫在黑板上，但因爲拼不出“perihelion”（近日點）這個單字而沒這麼作！）（見圖3-2）

我們曾在上節課利用能量守恆律計算出脫離速度（見圖3-3）。

$$
\begin{aligned}
\text{K.E.} + \text{P.E. 在 } a &= \text{K.E.} + \text{P.E. 在 } \infty \\
\frac{mv_{\text{脫離}}^2}{2} - \frac{GmM}{a} &= 0 + 0 \\
\frac{v_{\text{脫離}}^2}{2} &= \frac{GM}{a} \\
v_{\text{脫離}} &= \sqrt{\frac{2GM}{a}}
\end{aligned}
\tag{3.1}
$$

以上公式是半徑爲 a 的脫離速度，但假設速度 v_a 是任意的，那麼 b 是否可以從 v_a 計算得到呢？能量守恆告訴我們，粒子在最近點的動能加上位能，必定等於它在最遠點的動能加上位能，乍看之下，我們可以這樣得到 b ：

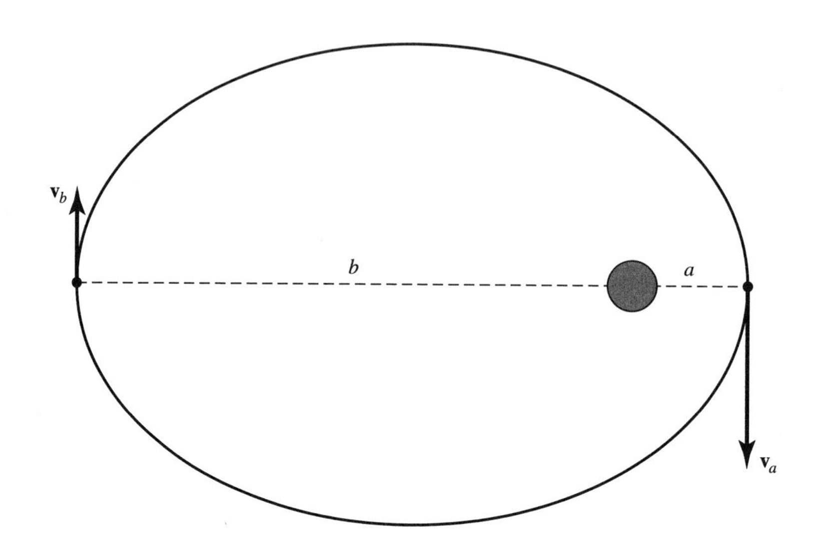

圖 3-2　衛星循橢圓軌道運行，最近與最遠處的速度與距離。

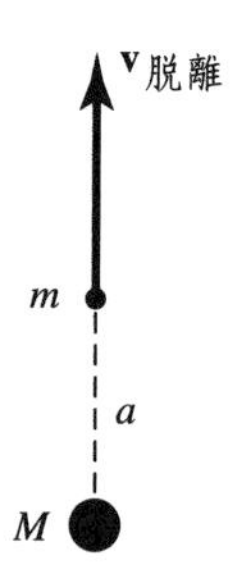

圖 3-3　與質量 M 中心距離為 a 的脫離速度

$$\frac{mv_a^2}{2} - \frac{GmM}{a} = \frac{mv_b^2}{2} - \frac{GmM}{b} \tag{3.2}$$

英非理扎門特！[1] 可是我們並不知道 v_b，所以除非我們能找出另外的辦法來得到 v_b，不然光靠 (3.2)式沒法子求出 b。

不過如果我們記得克卜勒（Johannes Kepler）的等面積定律，就知道在相同時段內，粒子所掃過的面積，在最近點處與在最遠點處相同：在一小段時間 Δt 內，在近日點的粒子移動了 $v_a\Delta t$ 的距離，所以掃過的面積約等於 $av_a\Delta t/2$，而在遠日點移動了 $v_b\Delta t$ 的距離，掃過的面積約為 $bv_b\Delta t/2$。因此「等面積」的意思就是 $av_a\Delta t/2$ 等於 $bv_b\Delta t/2$，這意味著速度與距離成反比（見圖 3-4）。

$$\begin{aligned} av_a\Delta t/2 &= bv_b\Delta t/2 \\ v_b &= \frac{a}{b}v_a \end{aligned} \tag{3.3}$$

(3.3)式給了我們 v_a 跟 v_b 之間的關係，把它代入(3.2)式，便得到了可以決定 b 的方程式：

$$\frac{mv_a^2}{2} - \frac{GmM}{a} = \frac{m\left(\frac{a}{b}v_a\right)^2}{2} - \frac{GmM}{b} \tag{3.4}$$

除以 m，再重新整理之後，我們得到

[1] 原注：英非理扎門特（infelizamente），巴西人的葡萄牙語，意思為「不幸的」。

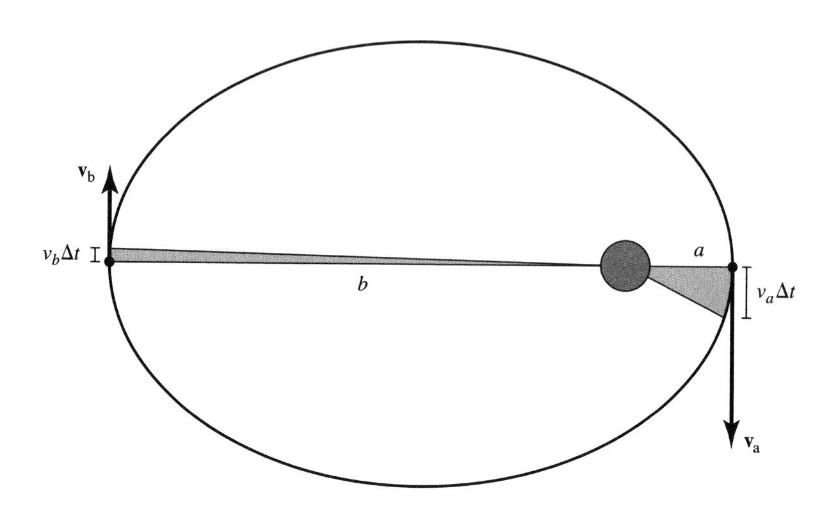

圖 3-4 利用克卜勒等面積定律求出衛星在遠日點之速度

$$\frac{a^2v_a^2}{2}\left(\frac{1}{b}\right)^2 - GM\left(\frac{1}{b}\right) + \left(\frac{GM}{a} - \frac{v_a^2}{2}\right) = 0 \tag{3.5}$$

如果你看了(3.5)式一陣子後，你會發現：「嗯，我可以把此方程式乘以 b^2，那它就變成 b 的二次方程式了。」或是，你也可以直接解 $1/b$ 的二次方程式。 $1/b$ 的解爲

$$\begin{aligned}\frac{1}{b} &= \frac{GM}{a^2v_a^2} \pm \sqrt{\left(\frac{GM}{a^2v_a^2}\right)^2 + \frac{v_a^2/2 - GM/a}{a^2v_a^2/2}} \\ &= \frac{GM}{a^2v_a^2} \pm \left(\frac{GM}{a^2v_a^2} - \frac{1}{a}\right)\end{aligned} \tag{3.6}$$

以後我將不會去討論解題所用到的代數，你應該知道如何解二

次方程式，而 b 有兩個解：其中一個解是 b 等於 a，這個解令人高興，因爲你看(3.2)式，顯然在 b 等於 a 的條件下該方程式也成立（當然這不代表 a **就是** b）。另一個解讓我們得到以下的公式，以 a 來表示 b：

$$b = \frac{a}{\dfrac{2GM}{av_a^2} - 1} \tag{3.7}$$

下一個問題是，能否改寫上面這個公式，以便很容易看出 v_a 跟 a 處的脫離速度的關係。請注意(3.1)式中，$2GM/a$ 等於脫離速度的平方，於是我們可以這樣寫 b 的公式：

$$b = \frac{a}{(v_{\text{脫離}}/v_a)^2 - 1} \tag{3.8}$$

這是最後結果，它相當有意思。首先假設 v_a 小於脫離速度，在這樣的條件下，我們預期粒子不會脫離，所以我們可以得到一個合理的 b 值。的確是這樣：如果 v_a 小於 $v_{\text{脫離}}$，那麼 $v_{\text{脫離}}/v_a$ 會大於1，它的平方當然也大於1；減去1之後，你會得到一個正值，將 a 除以這個正值，就得到 b。

爲了要大略檢查一下以上的分析是否正確，我們可以去玩弄一下在第9堂課中[2]，用數值方法所描述的軌道，看看那裡算出的 b 值跟用(3.8)式算出的 b 值有多接近。爲什麼它們不應該完全吻合

[2] 原注：請見《費曼物理學講義》第I卷第9-7節。

呢？當然是因爲在用數值方法積分時，時間被切成了一段段，而非連續的變化，因此會有些誤差。

無論如何，這就是在 v_a 小於 $v_{脫離}$ 的時候，我們如何求得 b 值的方法。（順帶一提，在知道了 b 跟 a 之後，我們就知道橢圓的半長軸，只要我們願意，就可以從(3.2)式演算出軌道的週期。）

但是有趣的地方在這裡：首先假設 v_a 剛好等於脫離速度，那麼 $v_{脫離}/v_a$ 等於 1 ，(3.8)式告訴我們 b 爲無窮大。這表示軌道**不再**是橢圓，也表示衛星會跑到無窮遠處。（在此特殊情況下，我們可以證明軌道是拋物線）。所以如果你的位置是在一顆恆星或行星附近，而你的速度剛好等於脫離速度，那麼無論你朝什麼方向運動，你都能脫離，不會被捉回來——即便你的方向不是「正確」的方向。

還有一個問題是，如果 v_a **大於** $v_{脫離}$，又會發生什麼事呢？這時 $v_{脫離}/v_a$ 比 1 小， b 變成了負值，小於零的長度不具有任何實質意義，也就是沒有眞正的 b 。就物理而言，這個負值的解似乎更像是說：如果一個飛過來粒子的速度非常大，遠遠超過了脫離速度，那麼粒子會偏轉方向，但它的軌道並非橢圓，事實上是雙曲線。所以在太陽附近運動的物體，並不是像克卜勒所想像的那樣，只有橢圓形的軌道。如果速度較高，可能的軌道形狀就包括了橢圓形、拋物線及雙曲線（雖然我們沒有證明這些軌道是橢圓形、或拋物線、或雙曲線，但它們就是問題的答案）。

3-2 原子核的發現

上述的雙曲線軌道很有意思，歷史上有一樁非常有趣的應用。我這就講給你們聽聽，整個情況如圖 3-5 所示。我們假設粒子的速度**極**大，力卻很小。也就是說，飛過來的物體速度非常快，在第一階近似之下，它以直線前進（見圖 3-5）。

假設我們有個原子核，它帶有 $+Zq_{el}$ 電荷（$-q_{el}$ 爲電子之電荷），另有一個帶電粒子從一旁快速通過，過程中跟原子核的最近距離爲 b，這個粒子可以是某種帶電離子（原來實驗所用的帶電粒子爲 α 粒子）。其實用什麼粒子沒有什麼差別，你可以選用任何一種你想用的帶電粒子，我們就選用一個質子，它的質量爲 m，速度爲 v，所帶電荷爲 $+q_{el}$（α 粒子攜帶的電荷爲 $+2q_{el}$）。帶正電的質子不能持續以直線前進，而有了一個小角度的偏轉。問題是這個偏轉角度有多大？我並不會在此精確的把它算出來，而是讓大家有個大略的概念，知道偏轉角度如何隨 b 而變。（我只會討論非相對論

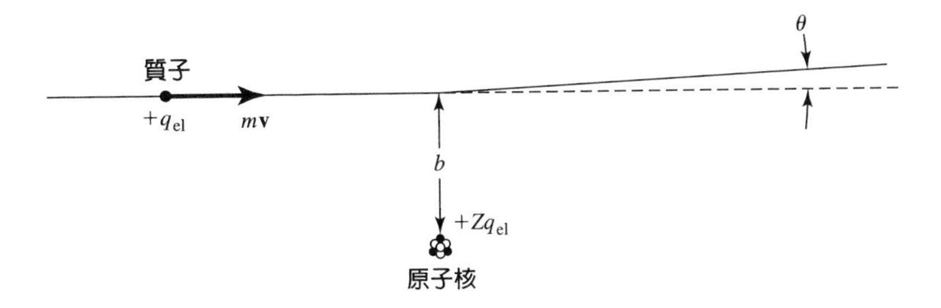

圖 3-5 高速質子在經過原子核附近時被電場偏轉的情形

性的狀況，雖然把相對論效應考慮進去並不難，只需要稍微做些改變即可，你們可以自己去思考一下。）當然，b 愈大，偏轉角度就應該愈小。然而問題是，角度是跟 b 的平方、立方、或只是 b 本身、還是跟 b 的其他冪次成反比？我們想對此有些瞭解。

（事實上，這就是面對任何複雜或陌生問題時所應採用的做法：你先設法有個約略的概念；在你更瞭解之後，再回頭仔細探討。）

所以我們首先粗略分析如下：當質子飛過時，它感受到了來自側面由原子核所發出的力，當然，除此之外還有其他方向的力存在，然而是這個側向的力使得質子方向偏轉，質子再也不像先前一樣直線前進，現在質子的速度出現了向上的分量。換句話說，由於向上的力，質子獲得了一些向上的動量。

接著我們要問，這個向上的力有多大？這個力會隨著質子的移動而變，但是大致上講，力的大小取決於 b，而這個力的最大值是（當質子經過圖中央，離原子核最近的那個位置）

$$\text{垂直方向的力} \approx \frac{Zq_{el}^2}{4\pi\epsilon_0 b^2} = \frac{Ze^2}{b^2} \tag{3.9}$$

（我用 e^2 取代了 $\frac{q_{el}^2}{4\pi\epsilon_0}$，以便寫方程式時簡便些。[3]）

我如果知道這個力作用了多久，就能估算出它給予質子的動量。那麼力**究竟**作用了多久呢？當然如果質子離原子核一英里，這

[3] 原注：我們在《費曼物理學講義》第 I 卷第 32-2 節裡曾經介紹過這個方便的慣例。不過今天，e 這個字母通常會用來代表一個電子所攜帶的電荷。

個力可說沒什麼作用，但是粗略的說，只要質子大致上是在原子核附近，質子就會受到力的作用，這個力的大小在數量級上和(3.9)式約略相同。但所謂的「附近」是指離開原子核多遠呢？大致上是質子與原子核的距離為 b 時。所以作用的時間約略等於距離 b 除以速度 v（見圖 3-6）：

$$時間 \approx \frac{b}{v} \tag{3.10}$$

牛頓定律說，力等於動量的變化率。所以如果把力乘以作用的時間，就得到動量變化。因此，質子所獲得的垂直方向動量為

$$\begin{aligned}垂直方向的動量 &= 垂直方向的力 \cdot 時間 \\ &\approx \frac{Ze^2}{b^2}\cdot\frac{b}{v} = \frac{Ze^2}{bv}\end{aligned} \tag{3.11}$$

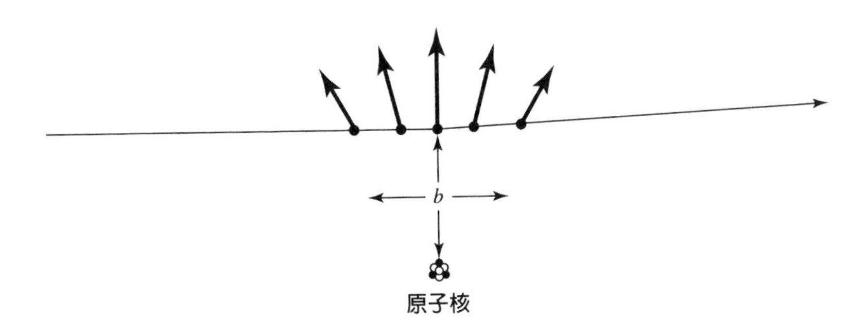

圖 3-6 原子核之電力對質子的作用時間，實際上跟它們之間的最近距離成正比。

這個結果並非**完全**正確；如果我們以精確的積分方式來做分析，答案或許會多乘上個如 2.716 之類的數值因子，但是我們目前只想知道動量的數量級與各個代表物理變數的字母之間的關係。

當質子離開時，就我們的目的與結果而言，質子的**水平**動量可以看成和它入射之前一樣，也就是說水平動量仍然維持爲 mv：

$$\text{水平方向的動量} = mv \tag{3.12}$$

（這兒就是當你想把相對論性考慮進去時，唯一需要改變之處。）

接下來的問題就是偏轉角度爲何？我們知道「向上」的動量爲 Ze^2/bv，而「水平」的動量爲 mv。那麼「向上」動量跟「水平」動量之比，應該就是偏轉角度的正切；由於角度不大，就實際而言，偏轉角度的正切幾乎等於角度本身（見圖 3-7）。

$$\theta \approx \frac{Ze^2}{bv}\Big/ mv = \frac{Ze^2}{bmv^2} \tag{3.13}$$

(3.13)式顯示偏轉角度跟速度、質量、電荷、以及所謂的「撞擊參數」（亦即距離 b）的關係。當你不用上述的略算方法，而把力積分起來算出 θ，你會發現上述的結果的確缺少了一個數值因子，而這個因子正好等於 2。我不知道你的積分功力到達什麼程度，如

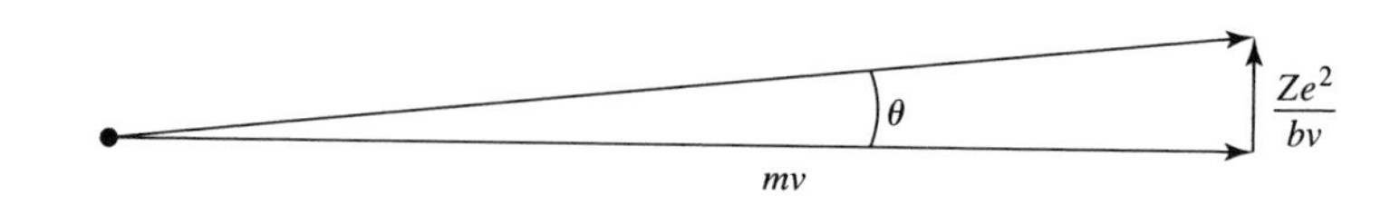

圖 3-7　質子動量的水平及垂直分量決定了偏轉角度

果你做不出這個結果來，沒關係，這不要緊，我可以告訴你正確的答案是：

$$\theta = \frac{2Ze^2}{bmv^2} \tag{3.14}$$

（事實上，如果你將質子的軌跡當成是雙曲線軌道，你就可以推演出上面的公式，但是你用不著麻煩：對小角度而言，一切都很容易理解。當然一旦角度過大，到達30度或甚至50度時，由於近似過於粗糙，(3.14)式便無法成立。）

以上的分析在物理學史上有個非常有趣的應用：拉塞福就是用這個方法才發現原子有個原子核。他當時有個非常簡單的想法：他讓一個放射源所發放出來的α粒子通過狹縫，所以他知道粒子前進的確切方向；然後他讓這束粒子衝撞硫化鋅的屏幕，於是他可以看得見在狹縫的正後方，屏幕上出現一個閃爍光點。但是如果他把一片金箔放置在狹縫跟屏幕之間，屏幕上的閃爍光點有時就會出現在其他位置上！（見圖3-8）

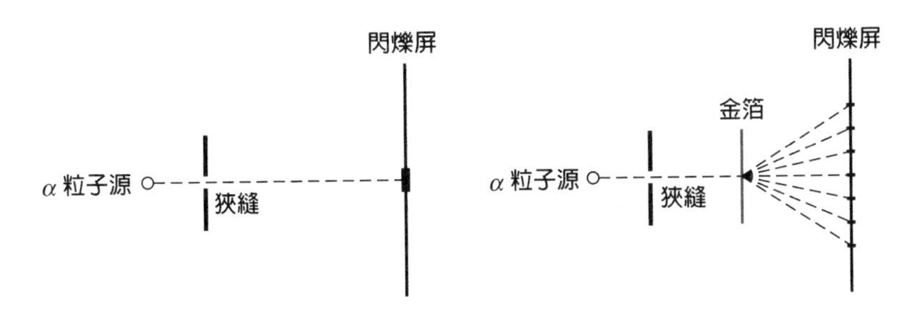

圖3-8 拉塞福的α粒子偏轉實驗，導致了原子核的發現。

這種現象會出現，當然是 α 粒子在穿過金箔時與微小的原子核擦身而過而發生偏轉。拉塞福測量出偏轉角度，代入(3.14)式，便得到造成這麼多偏轉的距離 b。叫人大吃一驚的是，這些計算出來的距離遠比一顆原子小。

在拉塞福做此實驗之前，人們相信原子內的正電荷是平均散布在整個原子之內，而不是聚集在中心點上。在這樣的情況之下，那些 α 粒子絕不可能受到足夠的力，使得觀測到的偏轉現象得以發生，原因是如果那些偏轉的粒子是從原子外面掠過，那麼粒子就不會離電荷太近，如果那些粒子是從原子中間穿過，穿過時上下都有正電荷，不可能產生足夠的力。所以從偏轉角度之大，可以知道原子內必然有很強的電力源，由此可以猜測，所有的正電荷必然是聚集在某個點上。再由觀測到最大的可能偏轉角度，以及發生偏轉的頻率，我們可以估計出 b 可能有多小，最後得到原子核的大小——結果發現原子核的大小只有原子的 10^{-5}！這就是當年發現原子核的故事。

3-3 基本火箭方程式

我要講的下一個問題跟前面的完全不同，它跟火箭的推進有關。我要先從一隻單獨漂浮在太空中的火箭講起，因而不用考慮重力等環境問題。假設這隻火箭上裝載了大批燃料，而它帶有某種引擎，能將燃料向後噴射出去，從火箭的觀點來看，燃料噴射出去的速率是固定的。引擎不會時開時關，一旦我們發動引擎，它就不停的從後方噴出物質直到燃料燒光為止。我們假設物質從火箭噴出來的噴出率為 μ（那是每秒鐘噴出的質量），而噴出速度為 u（見圖3-9）。

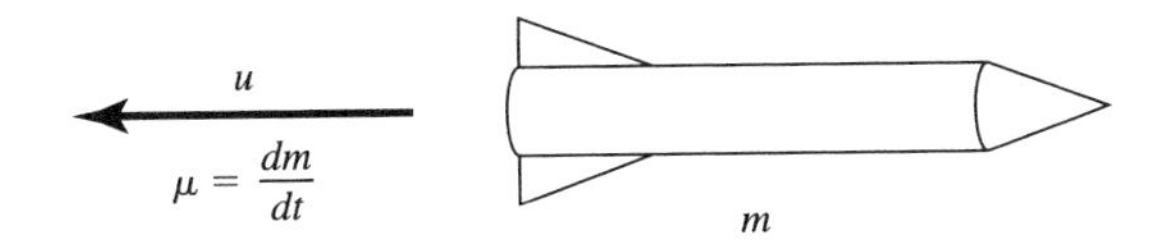

圖 3-9 質量為 m 的火箭，燃料的噴出率為 $\mu = dm/dt$ ，噴出速度為 u 。

你也許會說：「這 μ 跟 u 不就是同樣的東西嗎？每秒鐘噴出來的質量，那不是速度嗎？」

不。我可以用不同的方式在每秒鐘內倒出同樣數量的物質，例如我每次拿一大塊物體，然後輕輕的推出去，或是我每次拿相同質量的物體，然後用力丟出去。所以噴出率跟噴出速度是兩個不相干的觀念。

我們的問題是，在一段時間之後，火箭的速度會是到多少？譬如我們假設這隻火箭最初重量，有 90% 爲燃料，在它使用完全部燃料之後，所剩下的外殼的質量將只是原來質量的十分之一。這火箭的速度會是多少？

任何腦筋正常的人都會說，這火箭的速度絕對不可能變得比 u 快，但是這是錯的，待會兒你就會明白其中的道理。（當然你也很可能說，這一看就非常明白；那麼你就答對了。不過以下是火箭可以跑得比 u 快的眞正理由。）

讓我們在某任意時刻來看看這隻火箭，火箭這時可以有任意速度。假如我們在一旁跟著火箭一起運動，觀察它一小段時間 Δt ，我們會看到什麼呢？我們看到的是一些質量爲 Δm 的物質從火箭尾巴噴射出去。當然啦，這個 Δm 等於火箭的質量損失率 μ 乘以時間

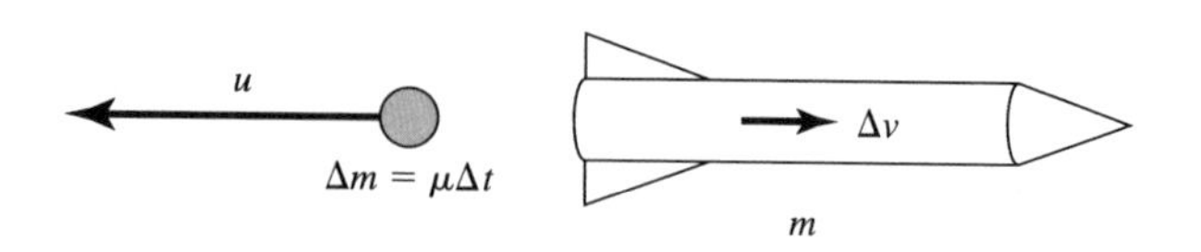

圖 3-10　火箭在 Δt 時間內，藉由把質量為 Δm 的物質以速度 u 噴射出去，而多得到速度 Δv。

Δt，而這些物質離開火箭的速度爲 u（見圖 3-10）。

那麼就在這些物質被向後噴出去後的那一剎那間，火箭會往前移動多快呢？它往前的速率，必須符合總動量是守恆的這一個原則。也就是說，它會因此而增加一點向前的速率 Δv，而且我們可以算出 Δv 的大小：假設此時火箭外殼加上剩下燃料的總質量爲 m，那麼火箭的向前動量變化，即 m 乘以 Δv，應該等於向後噴出去物質的動量，亦即 Δm 乘以 u。這就是火箭理論的全部內容，以下即爲基本的火箭方程式：

$$m\Delta v = u\Delta m \tag{3.15}$$

我們可以用 $\mu\Delta t$ 取代上式中的 Δm，推算一番，就可以計算出來火箭需要多久的時間，才能具有某個設定的速度。[4] 不過**我們**的問題卻是：該火箭在用掉全部燃料後的最終速度是什麼？這個問題

[4] 原注：我們假設火箭在時間 $t = 0$ 出發，這時質量 $m = m_0$，而 $\mu = dm/dt$ 為一常數。於是 $m = m_0 - \mu t$，而(3.16)式變成了 $dv = u\mu\, dt/(m_0 - \mu t)$。積分之後得到 $v = -u \ln[1 - (\mu t/m_0)]$，所以火箭在速度到達 v 所需要的時間為：$t(v) = (m_0/\mu)(1 - e^{-v/u})$。

的答案可以直接從(3.15)式求得：

$$\frac{\Delta v}{\Delta m} = \frac{u}{m}$$
$$dv = u\frac{dm}{m} \tag{3.16}$$

爲了求得火箭最終速度——假設火箭最初是靜止的——你得積分 $u(dm/m)$，而積分範圍則是從初始質量到最終質量。我們假設 u 爲一常數，所以它可以移到積分式子之外，因此我們得到

$$v = u\int_{m_{\text{初始}}}^{m_{\text{最終}}} \frac{dm}{m} \tag{3.17}$$

你也許已經知道 dm/m 的積分，或許還不知道。我假設你還不知道，不過你也許會說：「像 $1/m$ 這麼簡單的函數呀，只要給我一點時間，拿些可能的函數來微分，我**一定**能找到答案。」

但事實上，你不可能找到簡單的答案，例如像 m 的冪次方這類的函數，當你對這個函數微分，就會得到 $1/m$ 。既然我們試不出答案，我們就用另一種方法來算：數値積分。

記住：做數學分析時，若是遇到麻煩做不下去，你永遠可以改用算術方法來做！

3-4 數值積分

讓我們假設火箭的初始質量爲 10 單位，而爲了簡化起見，假設每次釋放的質量爲 1 單位。此外我們還選用 u 爲火箭速度的單位，因而我們可以簡化成 $\Delta v = \Delta m/m$。

我們想要求出累積起來的最終速度。那麼，讓我們看看：第一個單位質量被釋放的時候，火箭獲得了多少速率？這簡單，上面的公式告訴我們

$$\Delta v = \frac{\Delta m}{m} = \frac{1}{10}$$

但是顯然這答案並不是百分之百正確，因爲當火箭在噴出第一單位質量的那一段時間裡，火箭的質量**不**再是 10 單位；它從最開始那刻的 10 單位逐漸減少，然後只剩下了 9 單位。因此，在 Δm 被噴出之後，火箭的質量只剩下 $m-\Delta m$，所以也許我們應該把上式修改爲

$$\Delta v = \frac{\Delta m}{m - \Delta m} = \frac{1}{9}$$

不過這個答案也不完全正確。如果火箭眞的是一次吐出 1 單位質量，這式子才眞正成立。

然而事實上不盡然，火箭是一點一滴不斷的釋出質量。開始時火箭雖有 10 單位質量，逐漸減少，到後來剩下了 9 單位，所以整個過程中火箭的平均質量差不多是 9.5 單位。於是我們可以說，在

火箭噴出第一單位質量的過程中，應付那噴出的 $\Delta m = 1$ 的有效平均慣性質量大約爲 $m = 9.5$ ，所以火箭所獲得的速度 Δv 等於 1/9.5 ：

$$\Delta v \approx \frac{\Delta m}{m - \Delta m/2} = \frac{1}{9.5}$$

用這些平均值的好處是，你可以經由較少數的步驟獲得較準確的答案。當然得到的答案仍然只是近似值而已。如果你想增進答案的準確度，一個方法是把每次噴出的質量分得細些，比方設定 $\Delta m =$ 1/10 單位，然後做更多的分析。但我們現在不必那麼精細，繼續用 $\Delta m = 1$ 往下做。

現在火箭的質量只有 9 單位，這時它開始釋出第二個單位質量，在這第二個階段裡，火箭因而獲得的 Δv 是 1/9 嗎？不！那是 1/8 嗎？不！而是 1/8.5 ，原因是火箭的質量逐漸從 9 單位降爲 8 單位，所以它的平均值大約是 8.5 單位。如果繼續釋出下一個質量單位，我們可以得到 Δv 就約爲 1/7.5 ，於是我們發現，答案就是 1/9.5 、 1/8.5 、 1/7.5 、 1/6.5 ……等等的總和。在最後的那個階段裡，火箭質量從 2 單位降爲 1 單位，平均質量是 1.5 單位，我們最後還剩下 1 單位質量。

最後我們把這些分數一一算出來（這非常容易，用不了幾分鐘，這些數字都是平常又具體的數字，很容易算），然後全部加在一起，得到的答案爲 2.268 ，意思是說火箭的最終速度大概等於噴出物質速度 u 的 2.268 倍。

這就是這個問題的答案，很簡單！

1/9.5	0.106
1/8.5	0.118
1/7.5	0.133
1/6.5	0.154
1/5.5	0.182
1/4.5	0.222
1/3.5	0.286
1/2.5	0.400
1/1.5	0.667
	2.268

$$v \approx 2.268\ u \tag{3.18}$$

這時你也許會說：「我不喜歡這種準確度——未免有些草率。第一步當火箭的質量從 10 單位減少到 9 單位的過程中，你說有效質量大約是 9.5 ，還可以說得過去。但是最後一步質量從 2 減成了 1 ，而你卻假設它一直等於 1.5 。如果我們把最後那一步再細分，假定一次只釋出半單位質量，讓它的準確度變得好些，這樣不是更好嗎？」(這只是算術上的技術細節而已。)

讓我們看看：那麼頭半個單位質量被釋出時，質量從 2 單位減少到了 1.5 單位，平均爲 1.75 ，所以我把 1/1.75 乘以半個單位當成是 $\Delta m/m$ 。同樣的，接下去的下半個單位質量被釋出時，火箭質量從 1.5 單位減少成 1 單位，平均爲 1.25 ：

$$\Delta v \approx \frac{0.5}{(2+1.5)/2} + \frac{0.5}{(1.5+1)/2} = \frac{0.5}{1.75} + \frac{0.5}{1.25} = 0.686$$

所以你可以如此改進最後那一步——當然只要不嫌麻煩，你也可以用同樣的方法去改進其他各步驟——使得 0.667 變成了 0.686 ，這顯示我們原來計算出來的答案有點偏低。光是把最後那一步分開成兩小步，就讓 $v \approx 2.287$ 。最後一位數並不可靠，不過我們的估計還是相當接近，正確的答案離 2.3 不遠。

現在我必須告訴你，其實積分 $\int_1^x dm/m$ 的答案是個相當簡單的函數，在非常多問題裡，都可以派上用場，所以有人花了許多功夫製成一個表，並且給它取名，稱之為自然對數，以 $\ln(x)$ 表示。如果你曾經查過自然對數表，你會發現 $\ln(10)$ 等於 2.302585：

$$v = u\int_1^{10} \frac{dm}{m} = \ln(10)u = 2.302585\,u \tag{3.19}$$

如果你用上述的算術方法也同樣可以得到這麼多位小數的準確答案，只要你得把整個過程做更細微的分割，譬如讓每次釋出的質量 $\Delta m = 1/1000$ 之類，而不是 1 ── 以前就是這麼計算得到的。

無論如何，我們在所知不多，又沒有對數表可查看的情況下，就能夠得到這樣的結果，已經是很不錯了。所以我一再強調，在緊急的時候，你永遠可以用算術方法來解決問題。

3-5 化學火箭

我們現在來看這個有趣的火箭推進問題。首先你會注意到，火箭最後能夠達到的速度跟 u 成正比。所以人們用盡了一切辦法，提高排出氣體的速度。如果你曾經把過氧化氫和其他東西一起燃燒，或把氧與氫或某個東西一起燃燒，那麼你就會從每一公克的燃料得到化學能量。接下來，如果你能夠恰當的設計噴嘴與引擎其他部分，你就可以讓大部分的化學能量轉換成向後噴出的速度。當然你無法讓它的效率高過百分之一百，所以很自然的，對任一種燃料來說，即使你有最佳引擎，在固定的質量比之下，火箭最終的速度仍會有個上限，原因是對於特定的化學反應而言，所能獲得的 u 值有其上限。

讓我們考慮 a 跟 b 兩種不同的化學反應，兩種反應每釋放一原子所得到的能量相同，但是釋放的原子質量卻不相同，分別是 m_a 與 m_b。那麼如果 u_a 跟 u_b 分別爲個別的排氣速度，則

$$\frac{m_a u_a^2}{2} = \frac{m_b u_b^2}{2} \tag{3.20}$$

從上式可見，若 $m_a < m_b$，則 $u_a > u_b$，也就是說，參與反應的原子愈輕，得到的速度就會愈大。那就是爲什麼絕大多數的火箭燃料都是選用很輕的物質。如果可能的話，工程師們會非常樂意把氫氣跟氦氣混在一起當燃料，但很可惜的是，它們燒不起來，所以他們只能燃燒，比方說，氧與氫。

3-6 離子推進火箭

在使用化學反應之外，另一個可行辦法是，設計一套設備讓原子變成離子，然後利用電力去加速離子。由於你幾乎可以隨心所欲的加速離子，所以你可以得到**高得驚人**的速度。因而這兒我有個問題要給你思考。

假設我們有一隻所謂的離子推進火箭，它會從尾端釋放出銫離子（Cs^+），而在釋出之前，我們在火箭內用靜電加速器來加速這些離子。事實上，這些離子從火箭的前端進入加速器，加速器頭尾之間有個電壓差 V_0。在這個問題裡，我選用 $V_0 = 200{,}000$ 伏特，這個電壓差並不算是過於不合理。

現在的問題是：這樣的火箭會產生多大的推力呢？這跟上一次的問題又不一樣，上一次問題是要算出火箭會跑多快。這回我們想知道火箭如果被固定在測試台上，它會產生多大的力（見圖 3-11）。

這個問題的解法是這樣的：我們假設在一小段時間 Δt 之內，火箭會噴出質量爲 Δm 的物質，$\Delta m = \mu\Delta t$，物質的噴出速度爲 u。則釋出物質的動量爲$(\mu\Delta t)u$；既然作用力等於反作用力，火箭也會得到同樣大小的動量。在上個問題裡，火箭原是浮在太空裡，所以一旦有了推力，火箭就會向前飛。然而這一次，火箭被栓在測試台上不能動彈，所以離子每秒鐘所得到的動量就等於將火箭拉住讓它不動所需施加的力。離子**每秒鐘**得到的動量爲$(\mu\Delta t)u/\Delta t$，所以火箭的推力也就等於 μu，也就是每秒鐘釋出的質量乘上物質的噴出速度。

因此要解答這個問題，只需要計算出，每秒鐘有多少銫離子質

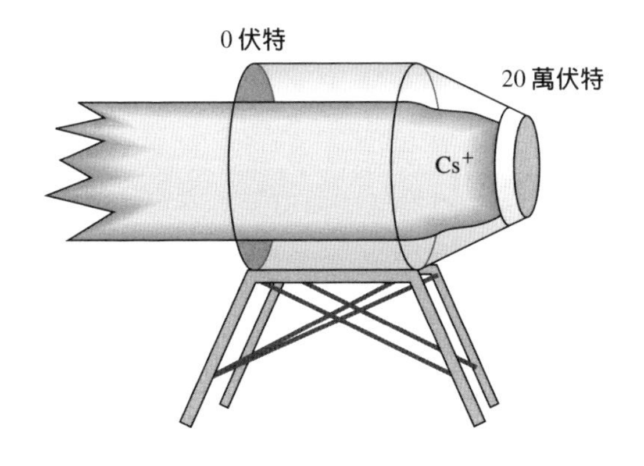

圖 3-11　測試台上的離子推進火箭

量噴出，以及噴出那一刻的速度：

$$
\begin{aligned}
\text{推力} &= \frac{\Delta\,(\text{噴出動量})}{\Delta t} \\
&= (\mu \Delta t) u / \Delta t \\
&= \mu u
\end{aligned}
\tag{3.21}
$$

我們首先算計離子的速度如下：一個從火箭噴出來銫離子的動能，等於離子所帶電荷乘上加速器前後的電位差。電位是什麼呢？它就像是位能，就好像場是類似於力那般，所以你只要將電位差乘上電荷就得到位能差。

銫離子是單價離子，也就是每個離子帶有一電子電荷，所以

$$
\begin{aligned}
\frac{m_{\mathrm{Cs}^+} u^2}{2} &= q_{\mathrm{el}} \mathrm{V}_0 \\
u &= \sqrt{2\mathrm{V}_0 \frac{q_{\mathrm{el}}}{m_{\mathrm{Cs}^+}}}
\end{aligned}
\tag{3.22}
$$

現在我們算出上面第二個式子中的 $q_{\mathrm{el}}/m_{\mathrm{Cs}^+}$。每莫耳[5] 電荷就是那有名的每莫耳 96,500 庫倫。而每莫耳的質量就是所謂的原子量，你可以從週期表上查出銫的原子量為 133 ，所以一莫耳銫的質量等於 0.133 公斤。

[5] 原注：一莫耳等於 6.02×10^{23} 個原子。

你說：「那這些莫耳怎麼辦，我不想用上莫耳，我想把它們丟掉。」

其實它們已經被丟掉了：我們只要計算電荷與質量的**比值**，莫耳就自動抵消掉了。我可以測量一個離子的電荷與質量，也可以測量一莫耳離子的電荷與質量，所得到的電荷與質量比值是一樣的。所以我們可以把離子噴出速度計算出來：

$$u = \sqrt{2V_0 \frac{q_{el}}{m_{Cs^+}}} = \sqrt{400{,}000 \cdot \frac{96{,}500}{0.133}} \qquad (3.23)$$
$$\approx 5.387 \times 10^5 \text{ 公尺／秒}$$

順便一提，每秒 5×10^5 公尺的速度可是比任何化學反應所能提供的速度都要快得多。化學反應僅能對等於約一伏特電位差的效果，所以這隻離子推進火箭所能提供的能量，大約為化學火箭的 20 萬倍！

到目前爲止，一切都進行得很順利，但是我們要的不只是速度，而是火箭的推力，所以我們還必須把速度再乘以每秒釋出的離子質量 μ 才行。我想要改用從火箭尾端流出去的電流量來表示答案——因爲電流跟每秒鐘釋放的質量成正比（當然是這樣）。所以，我想知道每安培電流可讓火箭獲得多少推力？

假如射出的電流爲 1 安培，那對等到多少離子質量呢？ 1 安培的定義是每秒 1 庫倫的電量，也就是每秒 1/96,500 **莫耳**（因爲每一莫耳的銫離子所帶有的電量爲 96,500 庫倫），而 1 莫耳銫離子的質量爲 0.133 公斤，所以，1 安培的銫離子電流相當於每秒釋出 0.133/96,500 公斤的質量：

$$1\text{ 安培} = 1\text{ 庫侖／秒} \rightarrow \frac{1}{96{,}500}\text{ 莫耳／秒}$$

$$\mu = \left(\frac{1}{96{,}500}\text{ 莫耳／秒}\right)\cdot(0.133\text{ 公斤／莫耳}) \quad (3.24)$$
$$= 1.378 \times 10^{-6}\text{ 公斤／秒}$$

我拿這個 μ 乘以速度 u，就可以得到**每安培**的推力，結果是：

$$\text{每安培的推力} = \mu u = (1.378 \times 10^{-6})\cdot(5.387 \times 10^{5}) \approx 0.74\text{ 牛頓／安培} \quad (3.25)$$

所以我們從每一安培得到的推力還不到四分之三牛頓——那眞是很差勁、很卑微、很低能。一安培的電流或許不多，但 100 安培或 1,000 安培就不能算是小數目，然而它們所能產生的推力仍很小。關鍵在於要得到足夠離子數量相當困難。

現在讓我們來看看，離子火箭要耗費多少能量。當電量爲 1 安培時，每秒鐘有 1 庫倫的電荷通過 20 萬伏特的電位差。我只需要把電荷乘以電壓就得到能量（單位爲焦耳），因爲伏特實際上就是每單位電荷的能量（焦耳／庫倫）。所以火箭消耗的功率爲 1 × 200,000 焦耳／秒，也就是 200,000 瓦特：

$$1\text{ 庫倫／秒} \times 200{,}000\text{ 伏特} = 200{,}000\text{ 瓦特} \quad (3.26)$$

我們只能從 200,000 瓦特的功率得 0.74 牛頓，從能量的觀點來看，這實在是很差勁的機器。它的推力跟功率的比值僅是每瓦特 3.7×10^{-6} 牛頓——非常非常弱：

$$推力／功率 \approx \frac{0.74}{200{,}000} = 3.7 \times 10^{-6} 牛頓／瓦特 \quad (3.27)$$

所以雖然用離子推動火箭是個好點子，但實際上得消耗大得驚人的能量才能推動火箭！

3-7 光子推進火箭

基於火箭釋出物質的噴出速度愈快，對火箭的推力就會愈大的理論，於是有人建議，何不利用**光子**呢？地球上速度最快的東西莫過於光子，只要把**光**從火箭尾巴向後射出去就行啦！你只要拿一支手電筒，走到火箭尾端，向後方照射，就會被往前推。然而，你知道，即使你發射強大的光線，也得不到多少推力：從以往用手電筒的經驗裡知道，你根本感覺不到有任何後座力。即使你點亮一盞100 瓦特的電燈泡，套上聚光裝置，你也不會覺得有任何推力！所以，每瓦特功率所產生的光子推力顯然不是很大。無論如何，讓我們試著找出光子火箭的推力對功率的比值。

每一個被我們朝後方射出去的光子都帶著某個動量 p ，以及某個能量 E ，對光子而言，它們之間的關係爲能量等於動量乘以光速：

$$E = pc \quad (3.28)$$

所以對一個光子來說，每單位能量之動量等於 $1/c$ 。這意味著無論我們使用多少光子，我們每秒鐘丟出去的動量跟能量之間有個固定的比值——該比值非常獨特且固定；它等於 1 除以光速。

但是每秒鐘丟出去的動量正好就是我們用來拉住火箭不動的力，而每秒鐘丟出去的能量是火箭引擎產生光子的功率。因此推力對功率的比也等於 $1/c$（$c = 3 \times 10^8$），或 3.3×10^{-9} 牛頓／瓦特，比鉋離子加速器還差上一千倍，比化學引擎則差勁了一百萬倍！這是火箭設計上的一些問題。

（我之所以告訴你們這些複雜、而且半新不新的事情，原因是要讓你們瞭解，你們從這門課程裡**已經**學到某些**知識**，你們現在已可以瞭解世界上所發生的很多事情。）

3-8 靜電質子束致偏器

下一個我編出來的問題，是要教你如何把觀念付諸實現。在凱洛格實驗室[6] 內，我們有一座凡德格拉夫起電機（Van de Graaff generator），可以製造出 2 百萬伏特的高速質子。它的電位差是利用一條移動帶上的靜電所產生的，質子經過這個電位差，便能得到巨大能量，然後以質子束的方式發射出來。

假設，為了某些實驗上的理由，我們希望質子束出來的時候有個角度，當然我們必須使其方向偏轉。一般最實際的方法是用磁鐵，不過我們也可以利用靜電效應達到相同目的，而這就是我要在此示範的方法。

[6] 原注：加州理工學院的凱洛格輻射實驗室（Kellogg Radiation Laboratory）內所進行的是核物理、粒子物理以及天文物理學方面的實驗。

我們取一對圓弧形的金屬板，讓彼此很靠近，兩者的距離比曲率半徑來得小，譬如說它們相距約1公分，中間隔著絕緣體。這兩片金屬板彎曲成圓形，我們用高電壓電源讓兩金屬板間有儘可能高的電壓，使得兩金屬板之間有很強的徑向電場，使得質子束能順著該圓弧形通道偏轉（見圖3-12）。

事實上，如果你把比2萬伏特高很多的電壓，放到相隔僅只1公分的兩片金屬板上，即使中間抽成了真空，你將得面對絕緣崩潰（electric breakdown）的麻煩——只要有小規模漏電、或灰塵跑了進去，就很難不產生火花——所以讓我們兩金屬板間的電位差就只有2萬伏特。（然而，我並未打算用數字來**解決**問題；我只是用數字來**解釋**，所以我就只稱兩板間的電位差爲 V_p 。）現在我們想知道的是金屬板應該彎曲成多大曲率半徑，恰好可讓2百萬電子伏特（MeV）的質子束偏轉？

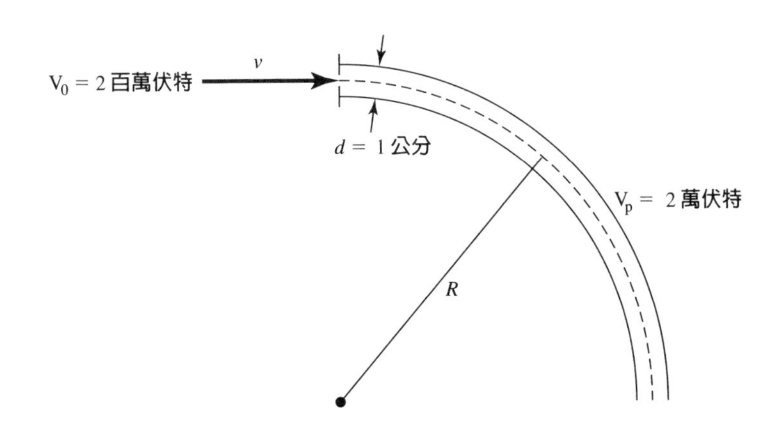

圖3-12 靜電質子束致偏器

答案就取決與轉彎時所需的向心力，我們從(2.17)式知道，如果質子的質量爲 m ，要把它拉進來所需的力爲 mv^2/R 。而這個力正好就是質子電荷——也就是著名的 q_{el} ——乘以兩金屬板之間的電場：

$$q_{el}\mathcal{E} = m\frac{v^2}{R} \tag{3.29}$$

這個方程式就是牛頓定律：力等於質量乘以加速度。不過，你還必須知道質子從凡德格拉夫起電機射出來的速度，才能用上牛頓定律。

那麼，質子的速度取決於它所通過的電位差，我們已知電位差爲 2 百萬伏特，我將稱此電位差爲 V_0 。由於能量守恆，我們知道質子的動能， $mv^2/2$ ，等於質子電荷乘以它所經過的電位差。我們可以直接由下式計算出 v^2 ：

$$\begin{aligned} \frac{mv^2}{2} &= q_{el}V_0 \\ v^2 &= \frac{2q_{el}V_0}{m} \end{aligned} \tag{3.30}$$

把(3.30)式的 v^2 代入(3.29)式，我就得到

$$\begin{aligned} q_{el}\mathcal{E} &= m\frac{\left(\frac{2q_{el}V_0}{m}\right)}{R} = \frac{2q_{el}V_0}{R} \\ R &= \frac{2V_0}{\mathcal{E}} \end{aligned} \tag{3.31}$$

所以，如果我知道金屬板之間的電場有多大，就很容易知道半徑，因爲電場、質子開始時的速度，以及金屬板的半徑，有著非常簡單的關係。

那麼金屬板間的電場**究竟**爲何？只要金屬板不是彎曲得太厲害，大致說來，它們之間的電場各處都差不多相同。所以當我在這兩片金屬板之間加上電壓時，那麼其中一片上電荷所具有的能量，就會跟另一片上電荷的能量不一樣了。而每單位電荷的能量差就是電位差——這就是電壓的**定義**。在此情況下，如果我把一個電荷 q 從一片金屬板搬運到另一片上，其間經過一個固定的電場 $\mathcal{E}$，那麼該電荷所受到的力即爲 $q\mathcal{E}$ ，而能量差會是 $q\mathcal{E}d$ ，其中 d 爲兩金屬板之距離。把力乘上距離，便得到能量——或者把**電場**乘上距離，我們得到**電位**。所以金屬板之間的電位差就是 $\mathcal{E}d$ ：

$$\mathrm{V_p} = \frac{\text{能量差}}{\text{電荷}} = \frac{q\mathcal{E}d}{q} = \mathcal{E}d \tag{3.32}$$

$$\mathcal{E} = \mathrm{V_p}/d$$

於是我把(3.32)式中的 $\mathcal{E}$ 代入(3.31)式，經過整理後，我就得到一個半徑的公式—— $2\mathrm{V_0}/\mathrm{V_p}$ 乘以金屬板之間距離：

$$R = \frac{2\mathrm{V_0}}{(\mathrm{V_p}/d)} = 2\frac{\mathrm{V_0}}{\mathrm{V_p}}d \tag{3.33}$$

對我們這個特殊問題來說， $\mathrm{V_0}$ 與 $\mathrm{V_p}$ 的比—— 2百萬伏特比上2萬伏特——爲100比1 ，而 $d = 1$ 公分。所以曲率半徑應爲200公分，也就是2公尺。

在這裡我們做了一個假設，那就是金屬板間各處的電場都相同。如果電場並非處處相同，那麼這個致偏器仍然適用嗎？其實還是滿適用的，因爲曲率半徑爲 2 公尺，金屬板幾乎是平的，所以電場**的確**幾乎是處處相同的，而且如果我們讓質子束剛好在兩板正中央，固然效果會很理想。但是如果電場在靠近某一片金屬板時比較強，則在靠近另一片金屬板處就會比較弱，平均的效果會幾乎相抵消掉。所以我們如果利用靠近中心的電場，所得到的結果會是極佳的近似：即使結果不是完美的，對於這個問題中的尺寸而言，它也近乎是完美的；當 R/d 等於 200 比 1 ，我們的結果幾乎是百分之百精確的。

3-9 π介子質量的測定

我們幾乎已經沒有時間了，但是我還要請你們多留下一分鐘，好讓我告訴你們另一個問題：歷史上，π介子的質量是如何測定出來的。事實上，π介子最早是在一些緲介子[7] 軌跡照片上**發現**的：一種不知名粒子進來之後停止下來，然後從停止處另有一段軌跡出現，人們發現留下這段軌跡的粒子的性質和緲子的性質相同（當時緲子已爲人所知，而π介子就是從這些相片被人發現的）。人們猜想有一個微中子（neutrino）向著與緲子相反的方向跑開（由於微中子爲電中性，在相片上未留下痕跡。見圖 3-13）。

[7] 原注：「緲介子」(mu meson) 這個名稱早已作廢，如今通用的稱呼為**緲子**（muon），這種基本粒子具有跟電子同樣的電荷，但質量卻是電子的 207 倍（事實上，依據現代對「介子」一辭的定義，緲子根本不是一種介子）。

緲子的靜能量（rest energy）已知爲 105 MeV，而它的動能從其軌跡的性質推知爲 4.5 MeV。根據這些數據，我們如何求得 π 介子的質量？（見圖 3-14）。

我們假設 π 介子是靜止的，它會衰變成一個緲子及一個微中子。我們知道緲子的靜能量及動能，所以我們知道緲子的總能量，然而我們也需要知道微中子的能量，因爲依據相對論，π 介子的靜能量應該等於它的質量乘以光速 c 的平方，而這個能量將全都給了緲子及微中子。所以，π 介子消失不見，只留下緲子及微中子，那麼根據能量守恆，π 介子的能量（E_π）必然等於緲子的能量（E_μ）

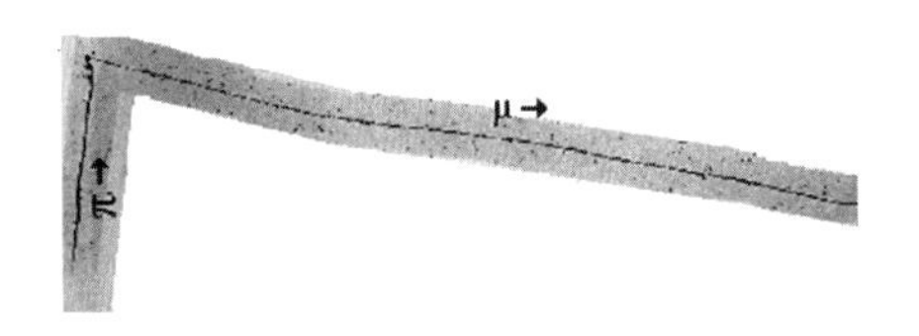

圖 3-13 π 介子的軌跡，π 介子衰變為一個緲子及一個看不見的（電中性）粒子。

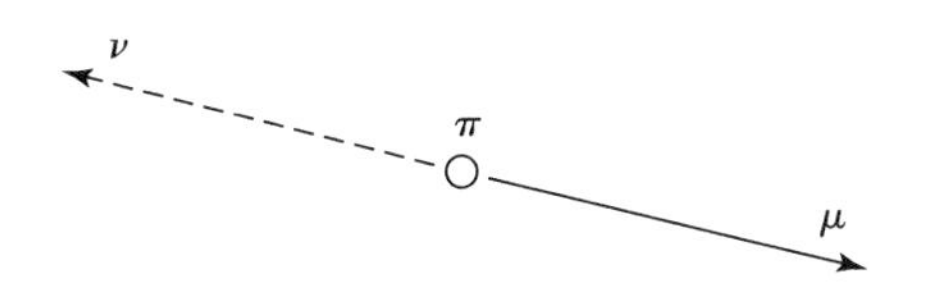

圖 3-14 一個靜止的 π 介子衰變成了一個緲子及一個微中子，兩者的動量大小相等，方向相反。緲子及微中子的總能量和等於 π 介子的靜能量。

加上微中子的能量（E_ν）：

$$E_\pi = E_\mu + E_\nu \tag{3.34}$$

我們需要算出緲子及微中子的能量。緲子的能量很簡單；題目裡已經清楚的給了我們：它的動能為 4.5 MeV，加上其靜能量——所以我們得到 $E_\mu = 109.5$ MeV。

那麼微中子的能量又是多少呢？這不太容易，不過根據動量守恆，我們可知道微中子的**動量**，因為它與緲子的動量正好大小相等、方向相反——這就是解題的關鍵。所以我現在是回頭去找答案：如果我們知道了微中子的動量，我們也許就可以算出它的能量。我們就來試試。

我們從 $E^2 = m^2c^4 + p^2c^2$ 這個公式去計算緲子的動量，若我們選擇一個單位制，讓 $c = 1$，則 $E^2 = m^2 + p^2$。於是，緲子的動量便是：

$$p_\mu = \sqrt{E_\mu^2 - m_\mu^2} = \sqrt{(109.5)^2 - (105)^2} \approx 31 \text{ MeV} \tag{3.35}$$

但微中子的動量是大小相同、方向相反，所以若不管正負號，只求大小，那麼微中子的動量也是 31 MeV。

那麼它的能量呢？

由於微中子的質量為零，所以它的能量等於動量乘以 c。我們在討論「光子火箭」時曾談到此事。由於此題中我們讓 $c = 1$，所以微中子的能量跟動量相同，為 31 MeV。

如是我們解決了這個問題：緲子的能量是 109.5 MeV，而微中子的能量是 31 MeV，所以此衰變反應所釋放的總能量為 140.5 MeV——全部來自 π 介子的靜質量：

$$m_\pi = E_\mu + E_\nu \approx 109.5 + 31 = 140.5 \text{ MeV} \tag{3.36}$$

這就是當初決定π介子質量的過程。

現在我要結束這堂課啦，謝謝你們。

下學期見，祝各位好運！

第4章 動力學效應及其應用

我要宣布，今天這堂課跟其他的不太一樣，在這堂課裡我要討論一大堆主題，純粹是爲了娛樂你們並啓發興致。如果有些地方由於太過複雜，讓你沒聽懂，你不妨就把它忘掉，因爲它完全不重要。

我們之前講過的每一個主題，都可以講得更詳細一些——當然可以比初次介紹該主題所需要的更詳細——譬如我們可以繼續討論旋轉動力學的問題，幾乎可以沒完沒了的討論下去。但是那樣一來，我們就沒有時間去學其他的物理！所以我們就在這裡將它擱下。

也許將來有一天，你會又回到旋轉動力學上，那時候你的身分或許是機械工程師、或許是研究旋轉恆星的天文學家、或是量子力學的科學家（量子力學裡也有旋轉問題）——不論原因爲何，全看你的意願。但話說回來，這是我們頭一次沒有把一個主題講完就離開它，我們有一堆殘缺不全的觀念、或談了許多觀念脈絡，卻未能繼續而不了了之，我很希望能有機會告訴你們它們如何發展出來，以便你較能理解自己所知道的東西。

尤其是到目前爲止，我在課堂裡講的大多是理論——全是方程式之類的——你們之中對實際工程有興趣的人，說不定很希望能見到一些「人的巧智」如何把理論應用到實務上的例子。如果這個猜想沒錯，那麼你必然會喜歡今天的主題，因爲過去數年間，慣性導引（inertial guidance）在實用上的長足發展，是機械工程歷史上最精采細緻的一頁。

美國海軍的核能潛艇鸚鵡螺號首次在北極冰帽下潛航成功，正好戲劇性的展示範了這方面的成就：在冰帽下，你無法觀測天上的星星；而該處的海底地形圖可說是完全空白的；身在潛艇內的人根本無法知道自己身處何方——而鸚鵡螺號上的人員卻在任何時刻，都很清楚到底在哪裡。[1] 如果沒有近年來慣性導引技術上的長足進步，該次潛航不可能成功。今天我要把其中之奧妙講解給你們聽，不過在那之前，我想最好先解釋幾樣比較老舊、靈敏度較差的設計，以便你們更能欣賞這項更細緻、更了不起的新科技，並瞭解相關的原理與問題。

4-1 示範陀螺儀

如果你以往從未見過這類東西，圖 4-1 所顯示的就是一個示範用的陀螺儀，裝置在一套常平架（gimbal）組成的座子上。

該儀器中的飛輪一旦開始旋轉後，即使有人提起它的座子，把它朝任何方向移動，飛輪的朝向會一直不變——也就是飛輪的轉軸 AB 的方向在空間中是固定的。為了實際的應用起見，飛輪必須一直保持旋轉，因此需要加裝一個小馬達，以克服飛輪各轉軸之間的摩擦。

如果你試圖壓低轉軸的 A 端，以改變 AB 軸的方向（亦即要產生陀螺儀繞著 XY 軸的力矩），你會發現 A 端並不會隨壓力而下移，而卻是向旁邊移動，也就是它實際上是往圖 4-1 中的 Y 點移動。那是說，如果我們繞著任意軸（除了飛輪的旋轉軸之外）對陀

[1] 原注：1958 年，世界上的第一艘核能動力潛艇，美國海軍的鸚鵡螺號（Nautilus）從夏威夷航向英國，9 月 3 日取道經過北極，在極區冰帽下潛航了 95 個小時。

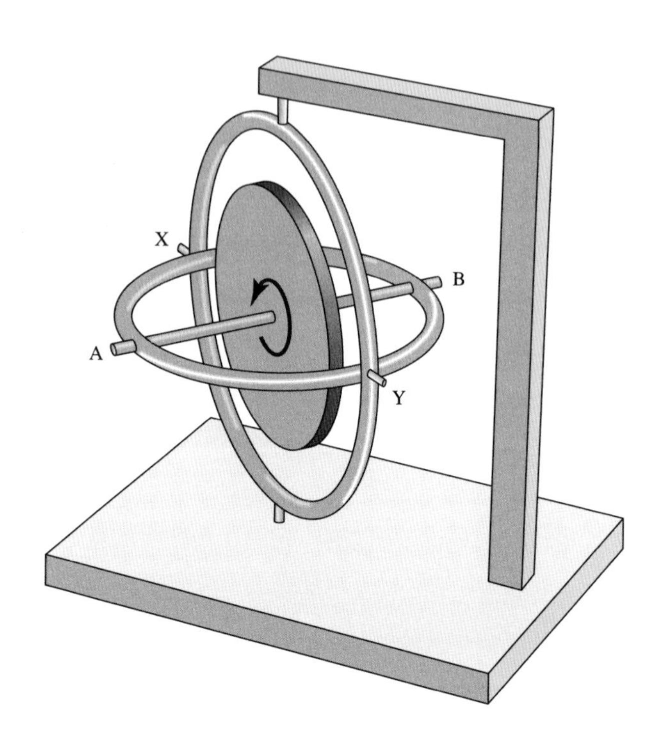

圖 4-1　示範陀螺儀

螺施一力矩，就會使陀螺儀產生轉動，而此轉動的轉軸既與所施之力矩垂直，也垂直於陀螺儀的自旋轉軸。

4-2 定向陀螺儀

我從陀螺儀最簡單的應用講起：假如它是安裝在飛機上，這架飛機在飛行中轉彎，那麼陀螺儀轉軸——譬如是水平的——所指的方向會維持一定。這非常有用：飛機可以隨意運動，卻不至於會迷失掉方向——這個裝在飛機上的陀螺儀就叫定向陀螺儀（directional gyro，見圖 4-2）。

你說：「它跟羅盤一樣嘛！」

其實它跟羅盤並不相同，因為它並不會只朝向南北。它的用法如下：當飛機還停在地面上時，你先校準一個磁性羅盤，然後根據該羅盤去設定飛機上定向陀螺儀的轉軸方向，例如讓轉軸指向正

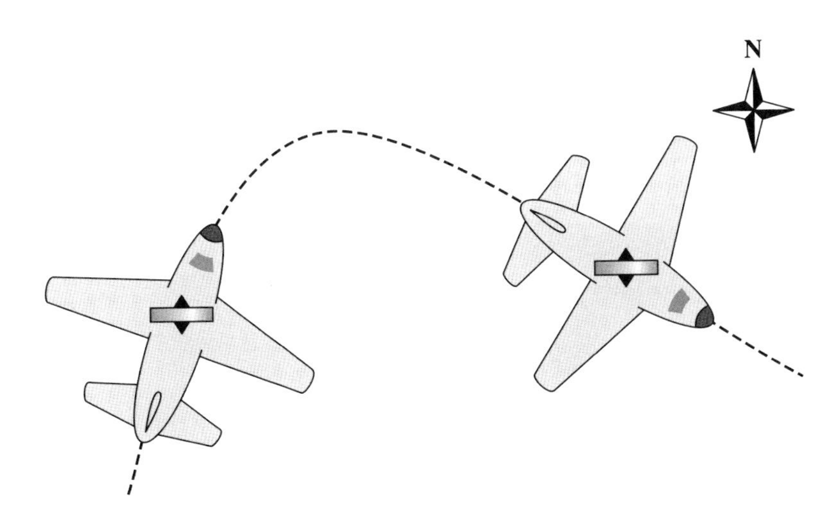

圖 4-2　在飛機轉彎動作中，定向陀螺儀保持它自己的指向。

北。飛機起飛後無論如何變換方向，你都隨時可以知道正北在哪個方位。

「幹嘛不直接使用磁性羅盤呢？」

要在飛機上使用羅盤非常困難，原因是在飛行中，羅盤指針會上下左右搖晃。飛機上也有許多鐵質器物以及其他磁場來源，會嚴重的影響磁性羅盤。

不過話說回來，陀螺儀也有缺點。當飛機飛穩定下來，並直線飛行了很長一段時間後，你會發現陀螺儀不再指向北方，毛病出在常平架中的摩擦。因爲飛機不免一直在慢慢的轉彎，而摩擦也免不了，所以會產生一點力矩，使得陀螺儀有進動，因此不再剛好指向同一方向。所以在使用定向陀螺儀時，每隔一段時間，駕駛員必須再根據羅盤重新校正陀螺儀的指向——每小時需調整一次，甚至更頻繁，端看該陀螺儀的摩擦力是否夠小。

4-3 人工地平儀

同樣的系統也可以用在「人工地平儀」上，這個儀器是用來決定何謂「向上」。在飛機起飛前，你啓動一個陀螺儀，它的轉軸是垂直的。那麼在你飛上天之後，飛機無論如何翻滾，理論上陀螺儀會維持其垂直朝向。當然它也需要不時的重新校正。

那麼我們憑藉什麼去檢驗人工地平儀呢？

當然我們可以利用重力來決定向上的方向。但是你一定能瞭解，飛機在轉彎飛行時，表觀重力跟眞實重力之間會出現一個角度，所以利用重力來檢驗人工地平儀並不容易。不過長時間平均下來，重力的確**是**在某個方向上——除非飛機是上下顚倒著飛行！

（見圖4-3）。

所以，你且想想看，如果我們在圖4-1中陀螺儀常平架的A點上添加一件重物，然後讓陀螺儀開始旋轉，轉軸是垂直的，而A點會在下方。當飛機平直飛行時，該重物會將A點向下拉，因此有助於維持轉軸垂直。然而當飛機轉彎時，重物會被摔向一旁，所以會將轉軸拉離垂直方向。等飛機轉彎動作結束，重物又再度向下拉。長期平均下來，重物將會讓陀螺儀轉軸朝向重力方向。它的作用跟使用羅盤校正定向陀螺儀意義相同，不同的是，在飛行途中，定向陀螺儀每隔一小時左右得校正一次，而人工地平儀卻要不斷校正。所以儘管陀螺儀的方向有緩慢漂離的傾向，但是長期而言，重力的**平均**效應會維持陀螺儀的方向。當然啦，陀螺儀轉向的速度愈慢，我們就得用更長的時間來取平均，而儀器也愈是適合複雜的操作。

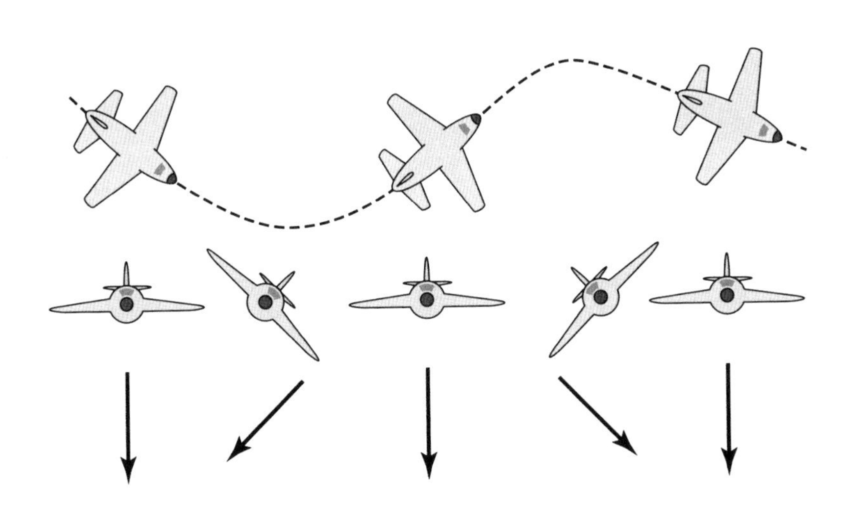

圖4-3　轉彎飛行中之表觀重力

在飛機上，讓重力方向偏離垂直達半分鐘之久，本是稀鬆平常的事，所以如果取平均的時間只有半分鐘的話，這個地平儀的功用就不會很好。

以上我描述的兩件設備——人工地平儀跟定向陀螺儀——都是用來指引自動駕駛儀的重要設備。也就是說，這兩件設備提供的資訊是用來控制飛機航向的。譬如飛機偏離了定向陀螺儀的軸所設定的方向，則一些電路會接通，透過一大堆的操作，導致一些襟翼的位置改變，最後使得飛機回到既定的航道。自動駕駛儀的核心就是這兩件陀螺儀。

4-4 穩定船舶用陀螺儀

另一個有趣的陀螺儀應用例子如今已不再爲人使用，但是曾經有人設想出這個方法並製造出這種陀螺儀，用途爲穩定船舶。每個人聽我講到這裡，一定以爲我們得在船上某處安裝一個快速旋轉的大飛輪，其實不然。如果你眞的那樣做，並且讓旋轉軸沿著，比如說垂直方向，那麼若是船頭遇到一個大浪打來，把船頭部分上舉，結果使得飛輪朝向一旁進動。則船會因此翻覆——那可不是我們想要的結果！光靠陀螺儀不能穩住任何東西。

我們採用了另一種方式，這種方式示範了一個用在慣性導引上的原理，其中訣竅是：在船上某處有一個非常小、但製作精美的**主**陀螺儀，它的轉軸方向比如說是垂直的。一旦船因搖擺而偏離了垂直，主陀螺儀感應到後會接通一些電路，去指揮一台巨大的**從**陀螺儀，後者才是把穩定下來的磐石——它們可能是史上人們製造過最龐大的陀螺儀（見圖 4-4）。

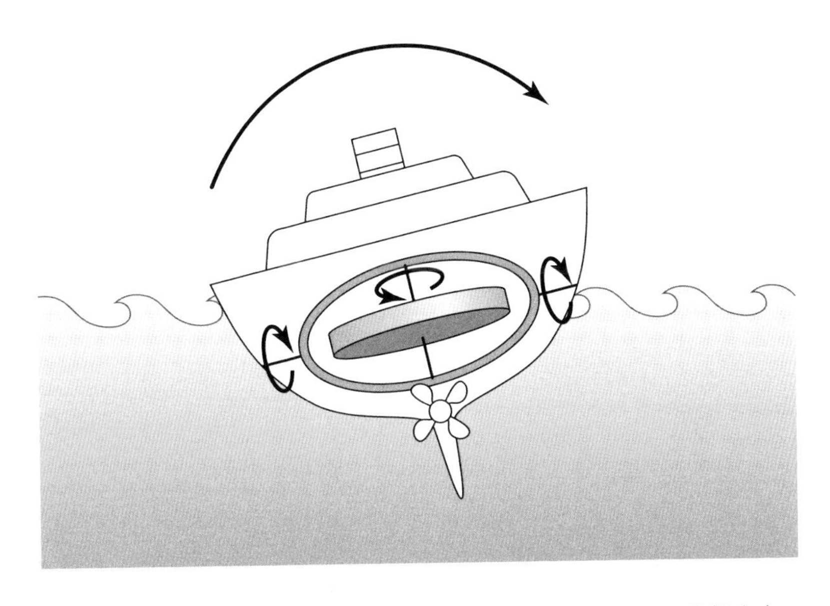

圖4-4 穩定船舶用陀螺儀：把陀螺儀向前扭轉可產生出一股使船向右擺之力矩。

從陀螺儀的轉軸通常維持垂直方向，但是它裝設在常平架上，所以會繞著搖擺軸搖晃的。如果船開始向左或向右搖擺，爲了讓它回復過來，陀螺儀會往**後**或往**前**扭，你知道陀螺儀總是很頑固，儘往錯誤的方向去。繞著俯仰軸突然轉動，會產生繞著滾軸的力矩，而阻止船搖晃。這種陀螺儀不是用來矯正船的**俯仰**，不過當然啦，大型船隻的俯仰相對來說是很小的。

4-5 迴轉羅盤

接下來我想描述的是船舶上的另一種裝置，即一般所稱的「迴轉羅盤」。它跟定向陀螺儀不同，定向陀螺儀會一直偏離北方，需要不時校正。迴轉羅盤不一樣，它甚至自動自發的尋找正北方向──事實上它比磁鐵羅盤更好，因為迴轉羅盤指出的是地球自轉軸穿過的**真正**北方。它的道理如下：假如我們從北極上空中俯瞰地球，看地球以逆時鐘方向自轉，這時我們啓動一個陀螺儀，假設放在地球赤道上，讓它的轉軸與赤道平行，也就是兩端各指向東、西

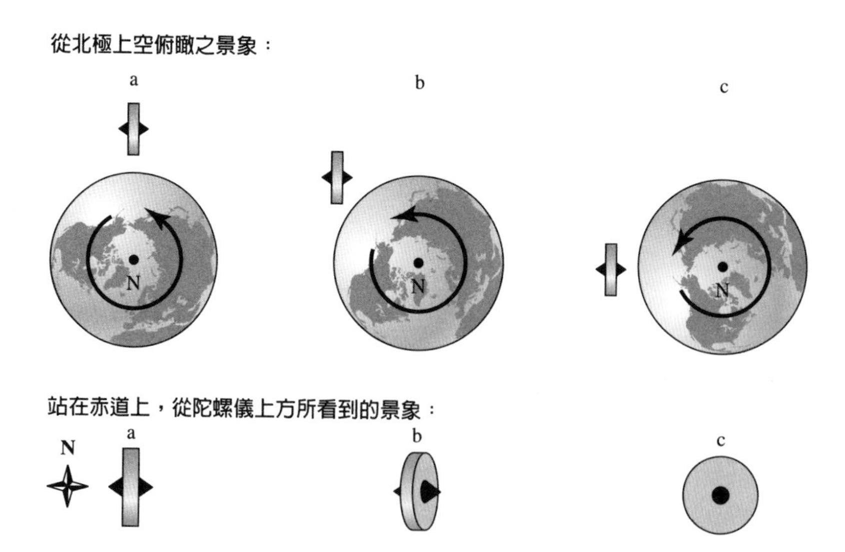

圖 4-5　跟著地球旋轉的自由陀螺儀，會維持它在空間中的方向。

方，如同圖 4-5(a) 所示。我們現在假設該陀螺儀爲一理想的自由陀螺儀，它有很多常平架或什麼其他裝置（也可能是裝在一個浮在油池中的球內——無論採用什麼方法，重點是沒有摩擦力）。六小時之後，這個陀螺儀應該仍指著那個絕對方向（因爲若沒有摩擦、就沒有力矩）。如果我們站在赤道上陀螺儀的旁邊觀察，我們會發現，它一直在慢慢的轉向：六小時之後，這個陀螺儀轉軸變成了上下垂直，如圖 4-5(c) 所示。

但是如果像圖 4-6 中所示，我們加一個重物在這個陀螺儀上，你想會發生什麼事情？它會傾向於讓陀螺儀之轉軸保持與重力方向垂直。

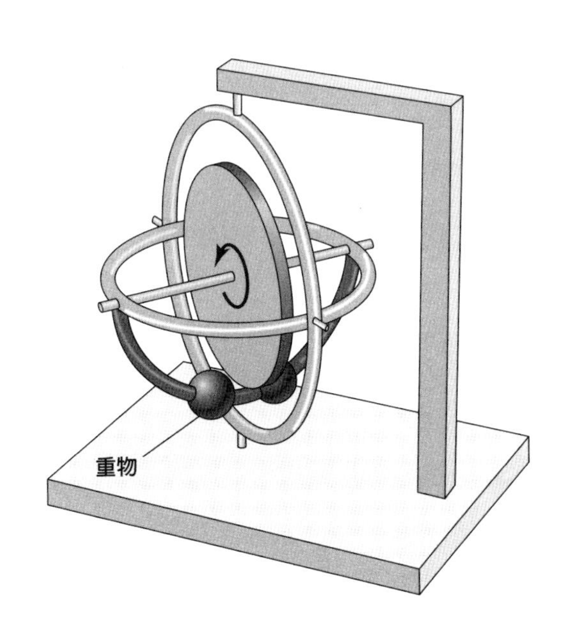

圖 4-6　加了重物的示範陀螺儀，可以讓轉軸保持跟重力方向垂直。

當地球轉動，重物會逐漸被舉起來，當然被舉起來的重物會想落下來，而這麼一來就會產生一個跟地球轉動方向平行的力矩。此力矩會讓陀螺儀朝著跟轉軸與作用力呈直角的方向旋轉，在此特殊情況下，如果你仔細想想，就會理解重物並沒有被舉起來，而是陀螺儀本身會逐漸翻轉，也就是它的轉軸會轉而指向北方，如圖 4-7 所示。

現在假設陀螺儀的轉軸最後指向北方，它會停在那兒嗎？如果我們讓陀螺儀轉軸指向北方，然後畫出同樣的圓，如圖 4-8 那樣，我們可以發現，當地球在轉動時，由於懸掛重物的兩臂會繞著陀螺儀的轉軸擺動，所以重物會保持在下面，因此重物不會造成對陀螺儀轉軸的力矩，轉軸也就會依舊指向北方了。

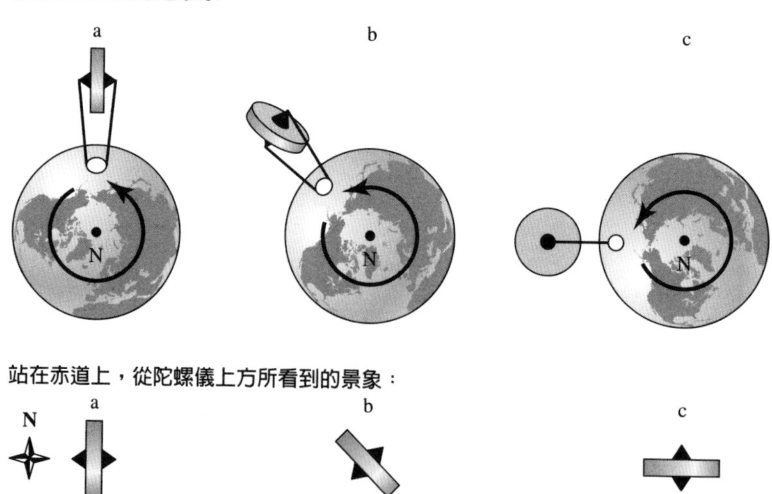

圖 4-7　加了重物的陀螺儀，會讓它的轉軸跟地球的轉軸平行。

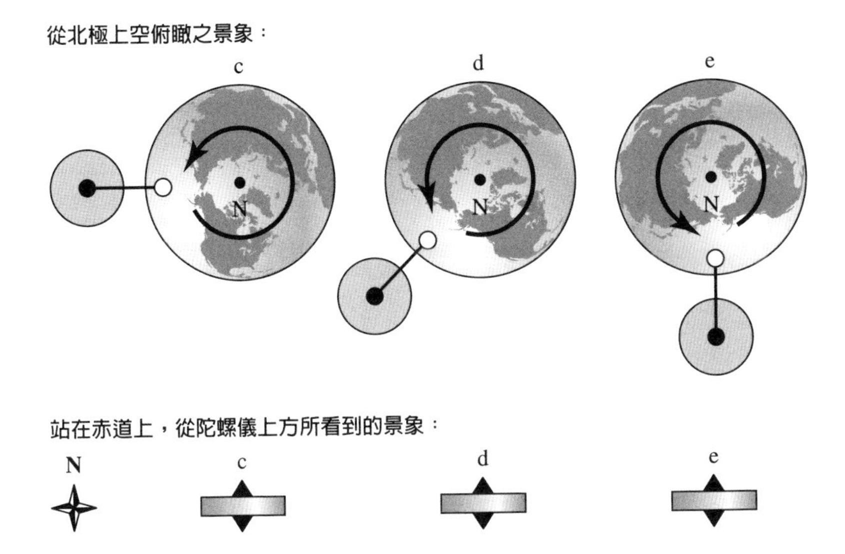

圖4-8 轉軸跟地球的轉軸平行之迴轉羅盤，會一直維持下去。

所以，如果迴轉羅盤的轉軸指向正北，那麼它就沒理由不保持原樣。但是如果它稍微有一點偏差，那麼隨著地球自轉，重物就會自動使該轉軸指向正北。所以它是自動找尋正北方向的裝置（事實上，如果我**只**是用圖4-6所顯示的方式來建造迴轉羅盤，它指向正北後並不會停下來，慣性會使得它衝過了頭。它會在正北的左右來回擺動——所以我們還得給它加上一點阻尼才行。）

我們建造了一具類似於迴轉羅盤的玩意兒，如圖4-9所示。不幸的是，圖中的陀螺儀不是**所有的**軸都可以自由轉動，而是只有兩個軸可以自由轉動。你需要稍微思考一下才會發現它跟前述的迴轉羅盤幾乎一樣。你讓它旋轉來模擬地球的自轉，而以橡皮筋拉住迴

圖4-9 費曼用模型示範迴轉羅盤的道理

轉器來模擬重力，作用類似前述臂端所加的重物。在你開始轉動該玩意後，那具陀螺儀先會進動一段時間，只要你沉得住氣，繼續轉動這玩意，它就會漸漸穩定下來。你會發現，它只有在跟框架轉軸平行的時候（框架在這裡代表地球），才會靜止下來，很安穩的指向北方。然而當我停止轉動，由於在各個軸承部分有著各式各樣的摩擦與各種力，轉軸的方向就會出現偏差。任何眞實的陀螺儀都不可能像理想中那樣，永遠保持它的朝向。

4-6 陀螺儀在設計與製造上的改進

人們在約十年前所能製作最精良的陀螺儀，每小時會出現2到3度的偏差——這就是當時慣性導引技術的瓶頸：你在決定空間方向的時候，精確度無法超越這個限制。例如你坐的潛水艇一口氣要潛水10小時，你的定向陀螺儀偏離的方向，最多可差30度！（如果潛水艇用的是迴轉羅盤跟人工地平儀就不會有此問題，因爲它們隨時都會被重力自動「校正」，自由旋轉的定向陀螺儀不會那麼精確。）

我們如要發展更好的慣性導引技術，就得大幅改進陀螺儀——也就是要將無法控制的摩擦減少至最低的程度，否則陀螺儀就會出現進動。在此需求之前提下，有數件有助於此的新發明面世，我會把它們涉及的原理一一介紹如下。

首先，我們剛才所談的是有「二自由度」的陀螺儀，因爲旋轉軸有兩個方位可以轉動。事實上，如果你可以一次只需要考慮一個自由度會比較好——意思是你的陀螺儀最好設計成讓你只需要考慮對於單一軸的旋轉就好。圖4-10所呈現的是一個「一自由度」的陀螺儀。〔在此我必須向美國航太總署噴射推進實驗室的史考爾（Skull）先生致謝，他不只把這些幻燈片借給我使用，還把過去數年來這方面發展的細節，一一解釋給我聽。〕

這個陀螺儀的飛輪，是繞著一個水平軸（圖上標示爲「轉軸」）旋轉，而此轉軸僅能繞一根軸（IA）自由轉動，而非兩根。儘管如

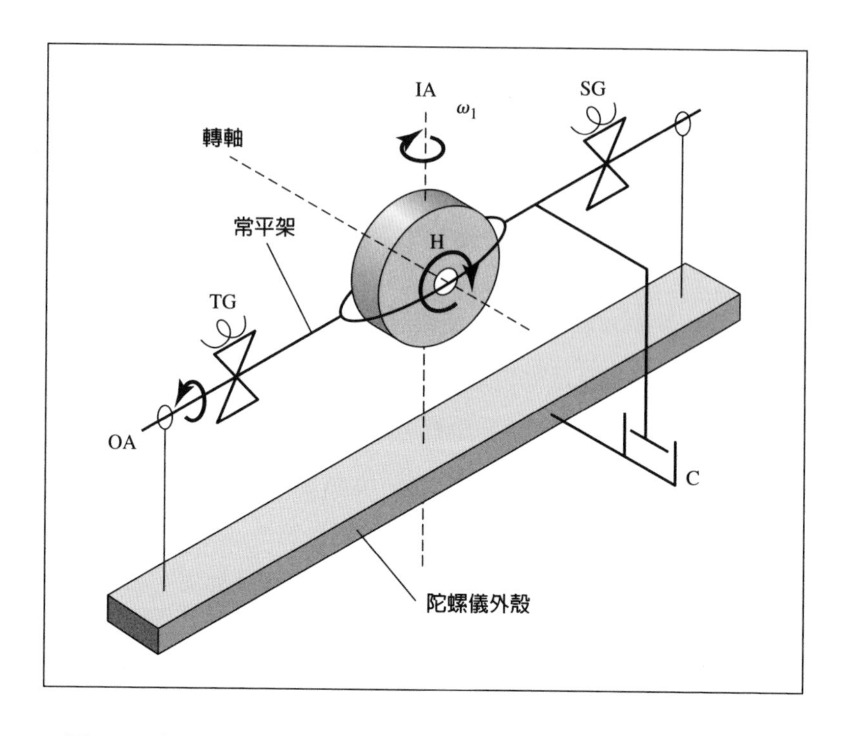

圖4-10　根據當初課堂上幻燈片所繪的「一自由度」陀螺儀示意圖

此，這是一個有用的裝置，原因如下：設想此陀螺儀是在一輛車子裡或一艘船上，當車子或船轉彎時，陀螺儀便繞著垂直輸入軸（IA）旋轉；這麼一來，陀螺儀飛輪就會想要繞著水平輸出軸（OA）進動，更精確的講，有一個繞著輸出軸的力矩出現了，如果此力矩沒有受到抵抗，陀螺儀飛輪就會繞著輸出軸進動。在這個情形下，如果我們安裝一具信號產生器（SG），它能偵測出飛輪進動的角度，那麼我們就可以用它來發現船是否在轉彎。

這時候有幾個重點需要考量：其中最棘手的部分是，繞著輸出軸 OA 所出現的力矩必須能絕對精確的代表繞著輸入軸 IA 的轉動。**其他**任何繞著輸出軸的力矩都是雜訊，我們必須除掉這些雜訊，以免造成混淆。困難在於陀螺儀飛輪本身有些重量，它通過 OA 壓在兩端的支點上——**這**就是問題之所在，因爲它們會產生不確定的摩擦。

因而改良陀螺儀的首要訣竅是，把這個陀螺儀飛輪安置在金屬罐子裡，然後讓罐子浮在油內。這是一個完全被油包圍的圓柱形罐子，可以繞著它的軸（亦即圖 4-11 中的「輸出軸」）自由轉動。這罐子的重量，包括了其中的飛輪和空氣，剛好和它所排除掉的油，重量完全（或盡可能的）相等，該罐子因而處於自然平衡狀態下，

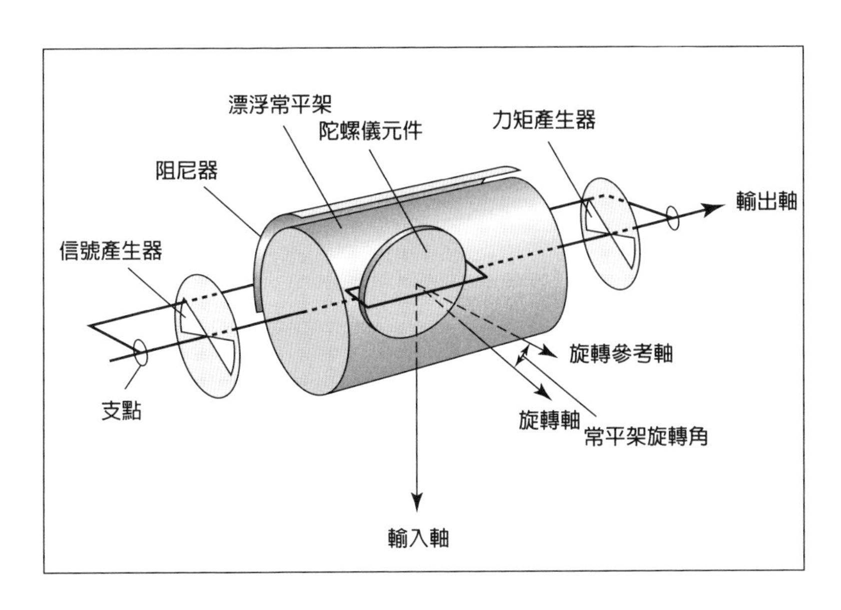

圖 4-11　根據當初課堂上幻燈片重繪的「一自由度」整合性陀螺儀詳細示意圖

以致於支樞點上只有非常小的重量壓力，那麼在該處就可以裝置如用在手錶內的細小寶石軸承。寶石軸承能承受的側向壓力非常有限，不過在我們這種安排之下，寶石軸承根本就不用承受什麼側向力——而且寶石軸承的摩擦力非常小。這是我們所做的第一項重要改良：讓飛輪浮起來，跟使用寶石軸承做爲它的支撐。

下一個重要的改進是永遠不實際**用**陀螺儀去製造出任何力——至少不是很大的力。到目前爲止，我們所談的是，陀螺飛輪繞著輸出軸進動，而我們去測量進動的角度。但是利用另一個有趣的技術，也可以測出輸出軸轉的角度，原理如下（見圖 4-10 與圖 4-11）：假設我們細心造出一個裝置，我們只要給它一定量的電流，就可以非常精確的產生一個輸出軸上的力矩——此即電磁力矩產生器。然後再建造一種具有巨大放大作用的回饋設計，安裝在信號產生器跟力矩產生器之間。所以當船繞著輸入軸轉動時，陀螺飛輪開始繞著輸出軸進動，但是就在它轉動了僅**一絲絲**的時候，信號產生器就會說：「嘿！它在動耶！」使得力矩產生器馬上施加一力矩於輸出軸上，以抵抗讓陀螺儀飛輪進動的力矩，使飛輪定住不動。接下來我們要問：「我們該用多大的力量才可以把它定住？」也就是說，我們要測量出進入力矩產生器的電流大小，因爲這樣我們就可以測量出需要多少力矩才能制衡讓飛輪進動的力矩，也就等於量出令陀螺儀飛輪進動的力矩大小。此項回饋原理在陀螺儀的設計跟發展上是非常重要的。

接下來我要介紹另一種有趣的回饋方法，事實上使用得還更爲頻繁。圖 4-12 是它的說明。

這個陀螺儀是一個小金屬罐（即圖 4-12 中標示的「陀螺儀」）安置在位於支持框架中央的水平平台上。（平台上你還看到一個標

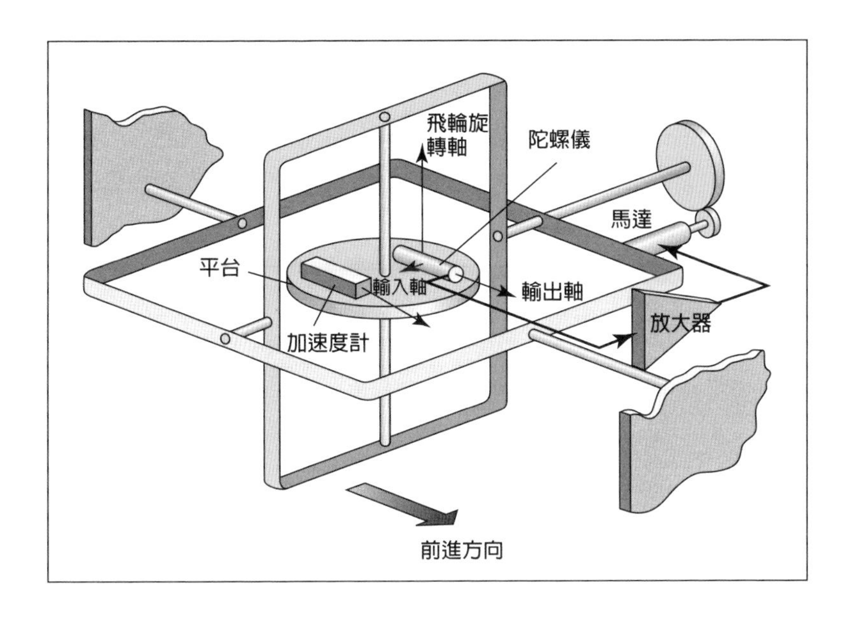

圖4-12 根據當初課堂上幻燈片重繪的「一自由度」穩定平台示意圖

示爲加速度計的盒子，你現在先不要管它，我們只考慮陀螺儀部分。）跟上一個例子不同的是，此陀螺儀的飛輪旋轉軸方向是垂直的，然而其輸出軸方向仍然還是水平的。如果我們想像圖中框架是裝設在飛機上，這架飛機正朝圖中標示的前進方向飛行，則輸入軸則是飛機的俯仰軸。當飛機爬升或下降時，該陀螺儀飛輪開始繞著輸出軸進動，由而讓信號產生器發出信號。但是這次信號不是要產生抗衡的力矩，這個系統的回饋方式如下：當飛機開始繞著俯仰軸轉動時，信號產生器通知馬達啓動，讓支撐著陀螺儀的那個框架朝飛機傾斜的反方向轉動，這樣可以抵消飛機的運動。換句話說，我們透過回饋讓平台保持穩定，我們從沒眞正的移動過陀螺儀！這當然比讓它搖動或轉動，以及從測量信號產生器的輸出電流去計算出飛機的俯仰程度要好得多！令信號如此回饋會容易得多，這樣平台完全沒有轉動，陀螺儀的轉軸也照舊——而且我們只要比較該平台跟飛機地板之間的角度，就可以**知道**飛機的俯仰程度。

圖 4-13 是截去部分外殼的「一自由度」陀螺儀內部實際結構圖。圖中陀螺儀飛輪看似巨大，但事實上整個長度不超過我的手掌寬。飛輪封閉在一個金屬容器內，在其四周跟容器之間留下的少許空間裡，充滿了很少量的油，卻足以讓飛輪無重力的「浮」在油

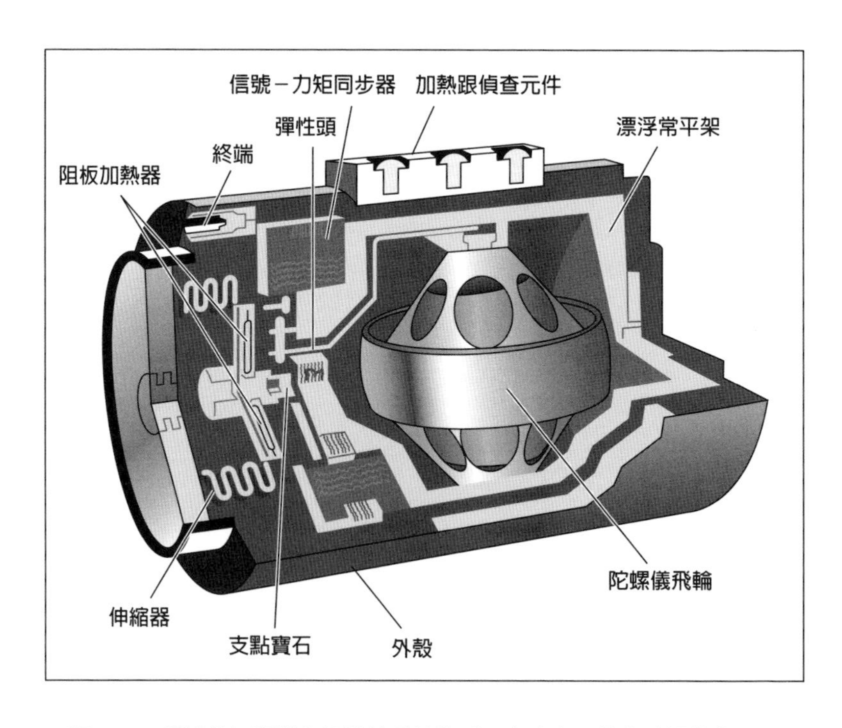

圖 4-13　根據當初課堂上幻燈片重繪的「一自由度」整合陀螺儀截面圖

裡，讓支撐轉軸兩端的微小寶石軸承，不需支撐任何飛輪的重量。陀螺儀飛輪一直不停的快速旋轉。由於它是由引擎在帶動，支撐轉軸兩端的軸承不一定要完全沒有摩擦——引擎帶動一個小馬達，該馬達維持飛輪快速旋轉，所以軸承上的摩擦力是由引擎抵消掉了。在圖4-13中，你看到一個標示爲「信號－力矩同步器」的裝置，它是由電磁線圈所組成，可以偵測出金屬容器非常輕微的運動，馬上發出回饋信號，這信號或是用來產生繞著輸出軸的力矩，或是用來讓支撐陀螺儀的平台繞著輸出軸旋轉。

這兒我們遇到了一個有點困難的技術問題：要提供電力讓飛輪旋轉的馬達，必須把電流從該裝置的某固定部分引導到轉動的金屬罐子上，所以有一些電線必須和罐子接觸，而這些接觸點不能產生任何摩擦，要達到這個要求非常困難。解決的方法如下：如圖4-14中所示，有四根非常精緻的半圓形彈簧跟罐子上的導體連接；這些彈簧的質料非常棒，跟手錶的彈簧類似，且更細緻。它們達成了精巧的平衡，以致於當罐子在零位置時，完全不產生力矩，但只要罐子稍微轉動，它們就會產生一點力矩——然而由於這些彈簧非常完美，我們完全知道所產生的力矩——我們知道力矩的正確方程式——而此力矩在回饋裝置的電路裡得到了修正。

油對罐子也會產生很多摩擦，當罐子轉動時，在這些摩擦影響下會產生繞著輸出軸的力矩。我們對液態油的摩擦定律知道得極爲精確：力矩跟罐子轉動的速度正好成正比，所以藉著回饋電路的計算部分，可以把油的摩擦力的影響完全校正過來，就像上述的彈簧一樣。

在設計這類精確裝置時，大原則並非是要把每件東西做得非常完美，而是要求每個組件非常明確和精準。

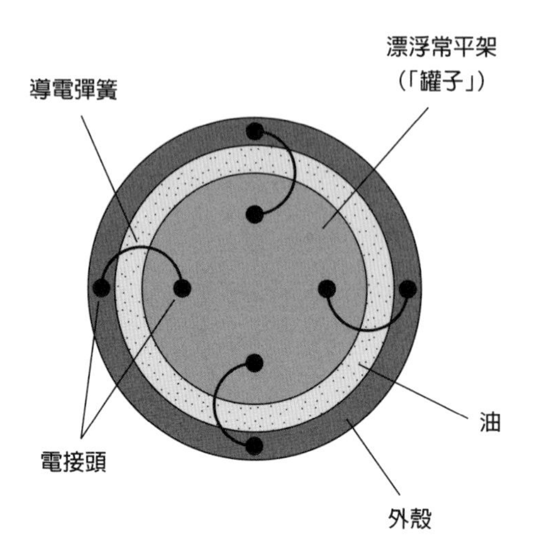

圖 4-14　在「一自由度」陀螺儀中，外殼和其中漂浮常平架之間的電連接。

這個裝置就像是奇妙的「單馬車」[2]：其上每一個零件的製作，都是目前機械技巧的最高水準表現，而且還在繼續改進之中。但是最嚴重的問題是：如果陀螺儀飛輪的轉軸如圖 4-15 中所示，稍稍偏離了其外罐子的正中央，那樣一來罐子的重心就不會跟輪出軸吻合，以致於飛輪的重量會使罐子跟著轉動起來，製造出許多不需要的力矩。

[2] 原注：霍姆茲（Oliver Wendell Holmes, 1809-1894，美國醫生詩人）創作的一首詩〈副主祭的傑作或奇妙的「單馬車」：一個合理的故事〉（The Deacon's Masterpiece or The Wonderful "One-Hass Shay": A Logical Story），敘述一輛設計非常完美的輕便馬車，在使用了一百年後，陡然之間全部分解成了一堆塵土。

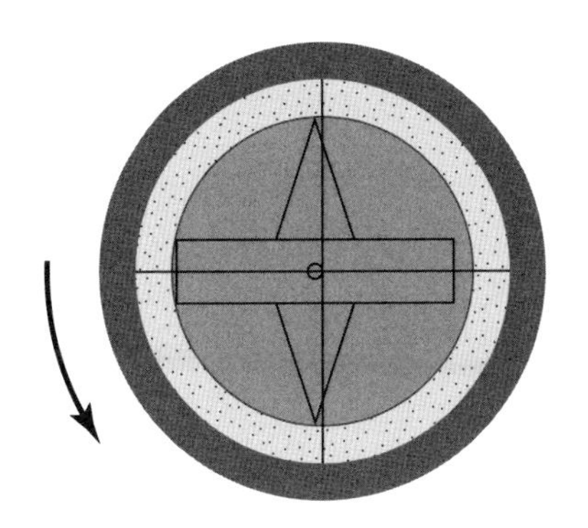

圖 4-15 在「一自由度」陀螺儀中，不平衡的漂浮常平架製造出了不必要的繞著輸出軸的力矩。

如何解決這個問題呢？首先你在罐子各處鑽些小孔或增加重量，盡可能使它變得接近平衡，然後非常細心的去測量剩下的偏差，再以此測量做爲進一步校正的依據。當你測量了一個你新建的特殊裝置，卻發現無法把偏差降成零，你隨時可以藉由回饋線路將它修正過來。不過目前這個例子的問題是偏差並不明確：在陀螺儀運轉了兩三小時之後，隨著軸承的磨損，重心的位置會稍微移動。

如今這類陀螺儀比起十年前製造的要好一百多倍，現在品質最佳的陀螺儀在運轉時，每小時出現的偏差不會超過百分之一度。以圖 4-13 中的裝置爲例，那意思是說該陀螺儀飛輪的重心，不能從罐子中心點偏離出去超過一百萬分之一英寸的十分之一！目前優良的機械成品，其精密度大約在百萬分之一百英寸左右。所以，它的要求已經高過於目前優秀的機械常規。說實在的，這的確是最嚴重的問題之一——如何使因軸承磨損所導致陀螺儀飛輪重心的移離中心點，不超過 20 個原子的寬度！

4-7 加速度計

以上我們討論的一些裝置可以告訴我們哪個方向是向上，或是可以用於避免某些東西繞著特定的軸轉彎。如果我們在三個軸上設置三個這種裝置，另外加上各種必要的輔助設備如常平架等，我們就能讓某件東西維持絕對穩定。也就是說，不管飛機如何繞圈子，它裡面的平台一直保持水平，既不朝左、也不偏右，完全不受影響。藉此方法我們能維持當初設定的方向，無論是北方、東方、上方、下方、或任何方向。接下來的問題是**我們現在來到了何處**：我們已走了多遠？

你當然知道，你無法在飛機裡測量出飛機的速度有多**快**，所以你當然也無從知道它已經飛了多**遠**。但是你**可以**測量出它的**加速度**是多少。如果你一開始測到的加速度是零，於是說：「嗯，我們現在是在原點上，加速度爲零。」一旦我們開始前進，就會有加速度，有了加速度我們就能把**它**測量出來。如果我們用計算機來積分加速度，便可以算出飛機的速度，若再積分一次，就得到飛機的位置。因此，決定某個時間點飛機里程的辦法是：測量加速度，然後積分兩次。

那麼如何測量加速度呢？圖 4-16 是一種很明顯可以用來測量加速度的裝置的示意圖。其中最重要的元件僅是一塊重物（圖中標示爲「震動質量」的東西），另外有一根弱的彈簧（彈性約束），主要功能是拉住重物不讓它跑出一定範圍，以及一個可阻止振動的阻尼器。不過這些細節並不重要。如果這整個裝置朝箭頭（靈敏軸）所指的方向加速，重物會因慣性而落後，相對看起來似乎是重物向後移動。我們從畫有刻度的加速度指標尺上，讀出它往後移動了多少，我們便可由此求得加速度。把它積分兩次，最後結果就是前進的距離。

當然啦，如果我們在測量重物位置時有了一點點誤差，則加速度也將有一些偏差，那麼在很長一段時間之後，其間我們積分了兩次，最後所得的距離就會跟實際情形差得很遠。所以我們必須想法子改良。

下一個改進步驟，是利用我們熟悉的回饋原理，大體上如圖 4-17 所示：當此裝置加速時，會使重物開始向後移動，觸發信號產生器，使它輸出一個跟移動距離成正比的電壓。我們不僅要測量此電

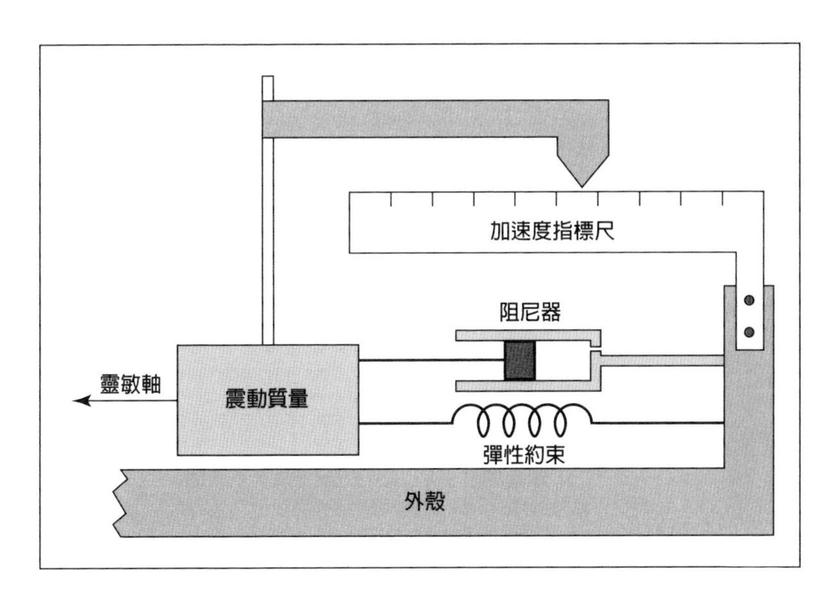

圖 4-16　根據當初課堂上幻燈片重繪的簡單加速度計示意圖

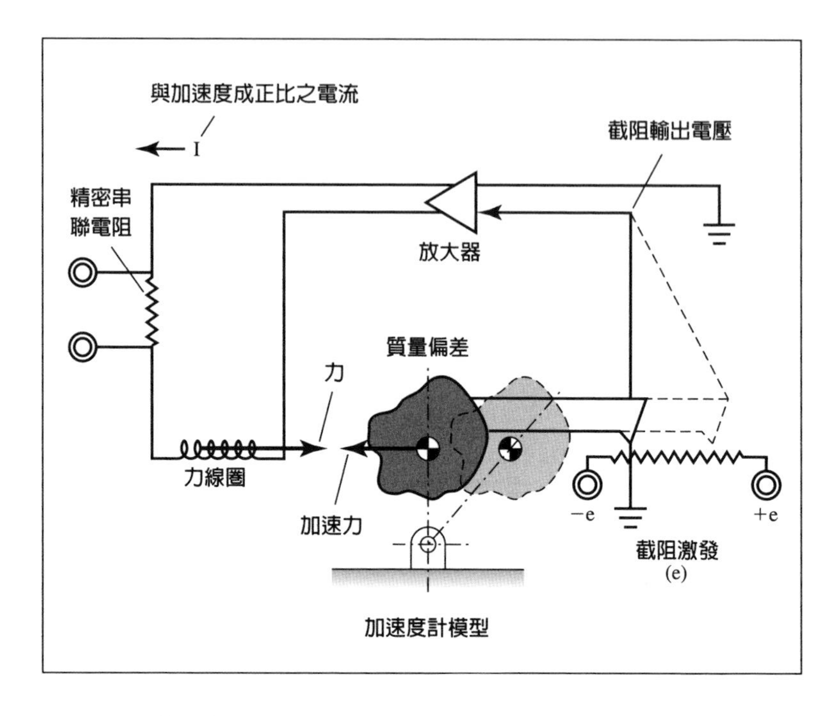

圖 4-17　使用力回饋機制的質量加速度計示意圖，根據當初課堂上幻燈片重繪。

壓，我們還要透過放大器，將此電壓回饋到一個裝置上，讓此裝置把重物拉回來，並計算出需要多大的力，才能讓重物保持不動。換句話說，這回不再是讓重物移動後再量距離，我們所測量的是平衡它所需的反作用力，然後利用 $\mathbf{F} = m\mathbf{a}$ 去求加速度。

圖 4-18 是此設計概念的具體做法，圖 4-19 則是截面圖，說明此裝置的實際結構，它們乍看之下，跟圖 4-11 和圖 4-13 中的陀螺儀非常相像，只是這回金屬罐子裡看起來是空的，裡頭沒有陀螺儀飛輪，只有在靠近底部的一邊附著了一件重物。這整個罐子是浮著

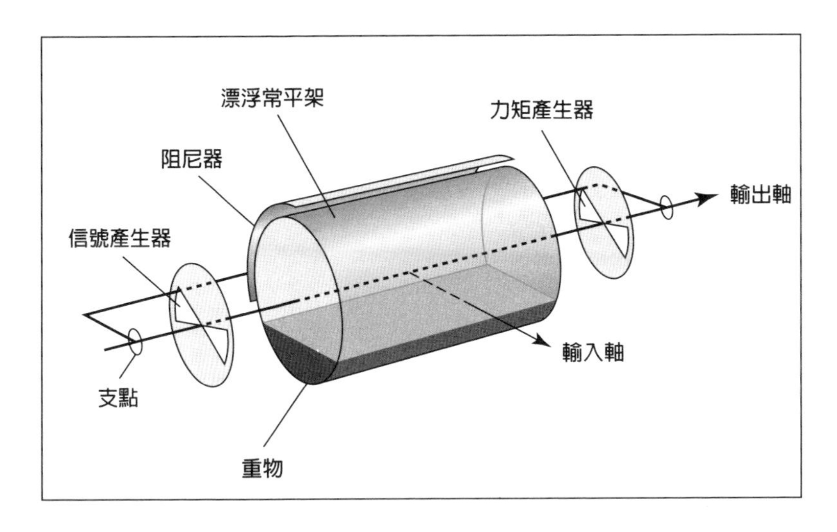

圖4-18 根據當初課堂上的幻燈片重繪，配有力矩回饋裝置的漂浮常平架加速度計示意圖。

的，它的重量與平衡是由液態油來支撐。（其支點使用了完美、精緻的寶石軸承）。當然由於重力的關係，罐子附有重物的一邊會待在下方。

這個裝置的用途是測量跟罐子軸線垂直方向上的水平加速度：當這個方向上的加速度一旦發生，重物速度的落後使得它傾向罐子的一邊，罐子因而會繞著支點開始轉動，其上的信號產生器立即發出信號，啓動力矩產生器的線圈，把罐子拉回原來位置。就像以前描述的一樣，我們利用回饋力矩抵消罐子的轉動，同時測量出需要多大的力量去制止罐子搖晃，而力矩也告訴我們當時的加速度是多少。

另外還有一種有趣的設計也可以用於測量加速度，它事實上會

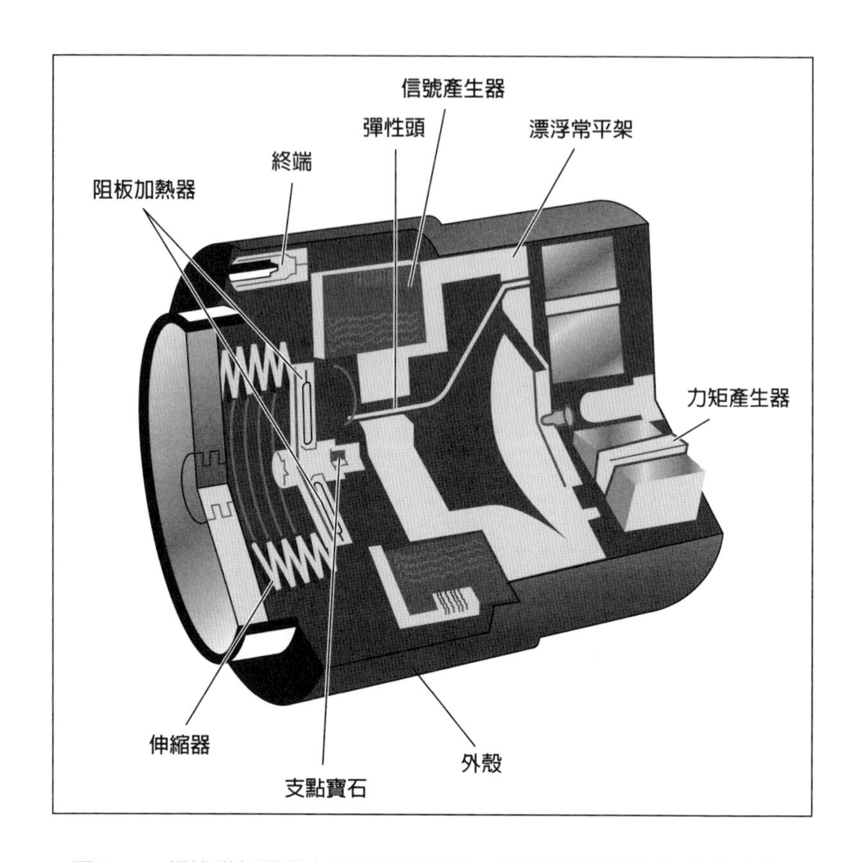

圖 4-19　根據當初課堂上幻燈片重繪的一實際漂浮常平架加速度計截面圖

自動做一項積分。圖 4-20 是這種設計的示意圖，它和圖 4-11 所顯示的裝置是一樣的，除了這回在旋轉軸的一邊有一件重物（圖 4-20 中的「搖擺質量」）。如果此裝置向上加速，陀螺儀上就會產生力矩，後續部分就跟其他的裝置一樣——唯一的不同是力矩不是來自罐子轉動，而是來自加速度。信號產生器、力矩產生器、以及所有

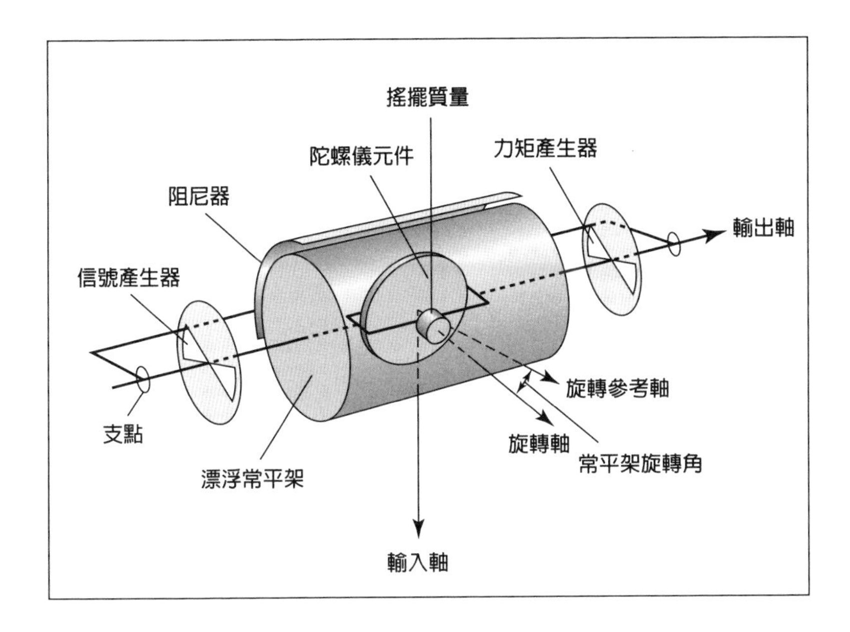

圖 4-20　根據當初課堂上幻燈片重繪，做為加速度計使用的「一自由度」搖擺型整合陀螺儀示意圖，我們可從常平架的轉動角度得出速度。

其他部分都一切照舊，而回饋的力用在繞著輸出軸把罐子扭轉回來。爲了能讓罐子平衡，推重物向上的力必須跟加速度成正比，但是向上的力本是跟罐子扭轉的角速度成正比，所以罐子的角速度也會跟加速度成正比。這意味著罐子的**角度**跟**速度**成正比，因而只要量到罐子轉動了多少角度，你就能知道速度——所以此測量加速度裝置附帶也替我們做了一次積分。（不過這並不意味著此加速度計比其他的好。在特殊應用下究竟孰優孰劣，還得取決於許多技術細節，而那是設計上的問題。）

4-8 一套完整的導航系統

那麼，如果我們建造了一些這類裝置，我們可以把它們全部集中起來，擺在同一個平台上，如圖 4-21 所示，它代表了一套完整的航行系統。平台上的三個小圓柱形東西（G_x、G_y、G_z）是三個軸向相互垂直的陀螺儀，而另外的三個小長方形盒子（A_x、A_y、A_z）則是各軸向上的加速度計。這三個陀螺儀跟它們的回饋系統使得該平台維持著在絕對空間中的方向——既不偏、也不斜、也不滾——

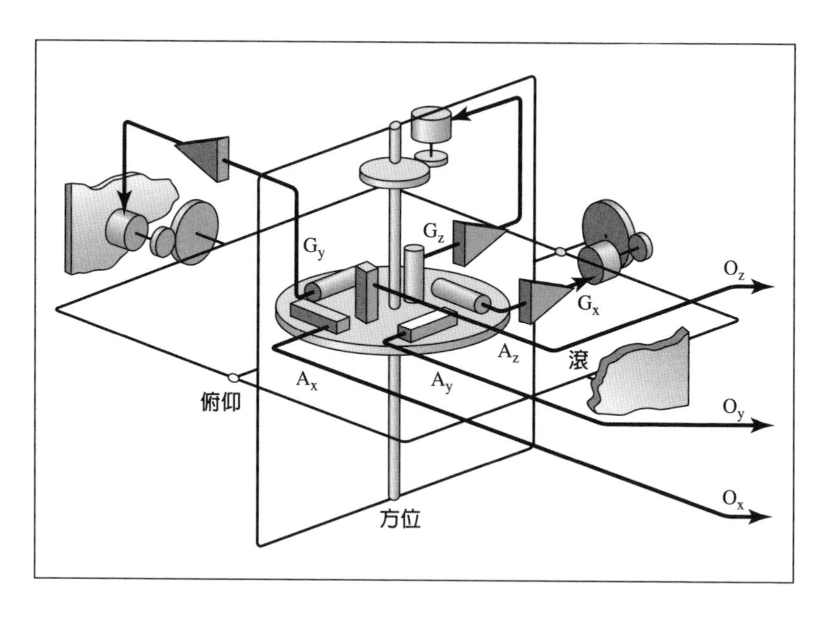

圖 4-21　根據當初課堂上幻燈片重繪，三具陀螺儀和三具加速度計安置於穩定平台上，構成一套完整的導航系統。

當飛機（或船、或任何裝設了此航行系統的交通工具）在航行途中，此平台的平面一直精確的保持固定，這點對於測量加速度的部分來說極爲重要，因爲你必須確知它們所量的是什麼方向上的加速度。如果這個要求出了問題，也就是這個系統所以爲的航線跟實際的出現了偏差，這個系統便成廢物了。所以此系統之成敗關鍵，就在加速度計必須一直維持它們在空間中的方向不變，才能輕易的計算出位移。

x、y跟z加速度計得到的數據送進系統中的積分線路，把每個方向量得的加速度積分兩次，算出位移。所以，假設我們從某一已知的位置出發，我們就可以得知其後任何時刻我們所在的位置，以及當時我們進行的方向，因爲平台的方向跟最初出發時相同（理想情形下）。這就是導航系統的一般概念，不過，我想要另外強調幾點。

首先讓我們考慮，如果系統在測量加速度時出現了差錯，後果會如何？假定差錯是百萬分之一。假如這個系統是裝設在火箭上，而且它所能測量的加速度必須能高到 10 g。一個能夠測量出 10 g 的裝置，它的誤差很難小於 10^{-5} g（事實上，我懷疑你辦得到）。但是如果加速度誤差爲 10^{-5} g，那麼當你積分兩次後會發現，1 小時內累積的位移誤差會超過半公里—— 10 小時之後，距離誤差就會變成 50 公里，這就離譜了。所以這個系統無法不停的使用。用在火箭上時，由於火箭只在發動之初有加速度，其後就靠自由巡航，因此問題還不大。但是在飛機或船上，你需要不時去校正此系統，就像對普通的定向陀螺儀那樣，以確定它一直指向同一方向。我們只要看一下恆星或太陽就可以知道方向，然而如果是在潛水艇內，你要怎樣去校正呢？

當然，如果我們有該區的海底地圖，我們可以利用行程中會經過的某些海底特殊地貌，例如山頂等做爲定位參考。但如果沒有海底地圖——我們還有另一種方法！這個方法是這樣的：地球是圓的，如果我們已經知道沿著某一個方向走了比方說 100 英里，這時重力方向跟剛開始時的方向，應該不一樣。如果這時候我們沒讓平台跟重力方向垂直，則加速度計所測得的數據便不會正確。因此，我們會這樣做：我們一開始讓平台是水平的，然後利用加速度計來計算出我們的位置，再根據位置計算出**應該**如何轉動平台，以維持水平，然後我們就以預測的速率來轉動平台，以保持它的水平。那是非常便利的東西——而且它**也是**解決問題的裝置！

試想如果它有了差錯，會發生什麼事？假設這部機器只是靜置在一個房間裡，哪兒都不去。經過一段時間後，由於製造上的不夠完美，平台就**不**會是水平的，而是稍微旋轉了一下，如圖 4-22(a) 所顯示的那樣。那麼加速度計內的重物會因重力方向有變而旁移，相當於發生了加速度，機器偵測到異動而自動計算，結果會以爲平台正在加速向右移動，趨向於 (b)。維持平台水平的機制，會緩慢的轉動平台，最後當平台變成水平時，機器才以爲加速停止。然而

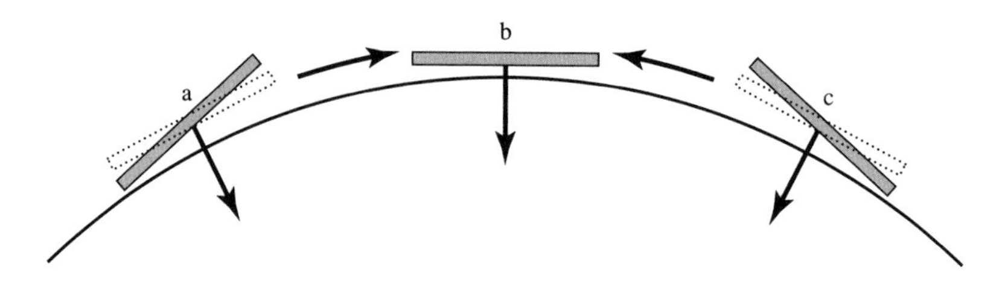

圖 4-22　用地球重力來檢驗穩定平台是否維持水平

由於之前曾有過加速訊息，機器會以爲平台仍朝同一方向、以某個速度移動，以致於那個要維持平台水平的機制會繼續非常緩慢的旋轉平台，直到平台不再是水平，如圖 4-22(c) 所示。事實上它認爲，平台越過了零加速度又向相反的方向開始加速，所以我們有了一個非常小的振盪運動，而一些小誤差就只會在這個振盪運動中累積起來。如果把牽涉到的所有角度及轉折等等因素納入計算，你會發現這個振盪運動的週期爲 84 分鐘。因此，我們只需要求這套系統的精良度，能在 84 分鐘之內維持可接受的精確度，因爲它在那段時間內會自動校正。這情形很像飛機上的迴轉羅盤隨時要跟磁性羅盤對照校正，只是在這裡，機器是對照著重力來校正，就如同人工水平線的例子。

潛艇中的方位設備（azimuth device，它可以告訴你北方在哪裡）跟上述的大致相同，也需要不時的跟一具迴轉羅盤去比照作修正，而迴轉羅盤是取長時期間內的平均值，所以船的運動不會有什麼影響。總而言之，你可以利用迴轉羅盤去修正方位，你也可以利用重力去修正加速度計，以免錯誤一直累積，但是每次校正只能維持一個半小時。

鸚鵡螺號潛艇上有三個巨大的此類平台，各自裝設在一個大球裡，這三個球彼此靠近排成一行，從駕駛艙天花板上倒吊下來。它們各自獨立，以防萬一其中一個失靈——或者在它們三個顯示的數據不相同時，領航員能從它們中間決定哪兩個比較正確。（在這種情形下、領航員必然非常緊張！）這三個平台當初是分別打造的，因爲你不可能把任何東西製作得十全十美。每個裝置必須各自測量任何些微缺陷所造成的偏差，而且這些裝置全得經過校正以補償偏差。

在噴射推進實驗室裡的一個單位就負責測試這些新裝置。如果你想一下自己要如何檢查這樣的裝置，就會覺得這是一間很有趣的實驗室：你不會想要把它安裝到船上，出海實地測試，所以這間實驗室利用地球自轉來檢驗裝置！只要受測的裝置夠靈敏，就會因地球自轉而改變方向，發生偏離。一偵測到偏離，在很短的期間內就會糾正過來。此實驗室大概是世界上獨一無二，利用地球自轉當測試的依據，要是地球停止了旋轉，該實驗室就無法從事校正了！

4-9 地球旋轉的效應

接下來我要談的主題是地球旋轉的各種效應（除了上述可以用在校正慣性導航裝置用途之外的）。

地球最顯而易見的一種效應是風（空氣）的大尺度運動。有一個著名的老生常談，就是說如果你有一個澡盆，你拔起塞子放水，你如果在北半球，水會往一個方向旋轉，但是你如果在南半球，水就會以相反的方向旋轉——如果眞去實驗，你會發現事實與傳聞並不相符。原先我們認爲水會以某個方向旋轉的理由如下：假設北極的海底有個排水孔，當塞子拔了起來之後，水會流進排水孔（見圖4-23）。

海洋的半徑很大，由於地球一直在轉動，排水孔周圍的水就跟著緩慢轉動，當水流向排水孔的時候，其轉動的半徑縮小，爲保持角動量，水會轉得快些（就像花式溜冰運動員旋轉時，把平伸的雙臂收攏進來會增加轉速那樣）。水轉的方向跟地球旋轉的方向一致，而且更快，但是站在排水孔旁邊的人會看到漩渦。不錯，就是這樣，而且若換成風，運作方式也一樣：如果某處出現了低氣壓，

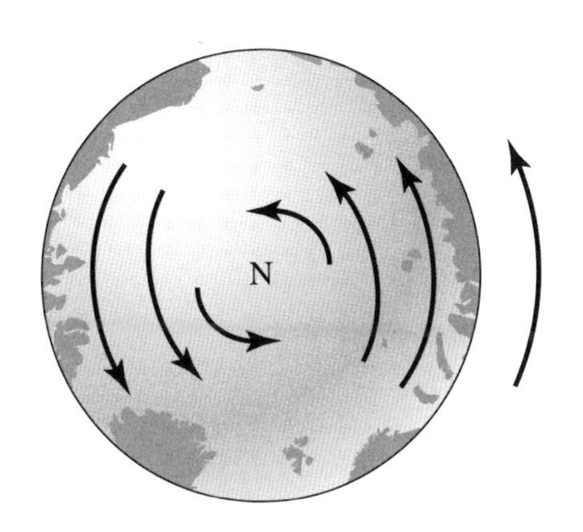

圖4-23 水在北極流入想像中的排水孔

附近氣壓較高的空氣都會朝它移動，但走的卻非直線，而是橫行——事實上，它偏向運動極大，使得空氣根本進入不了低氣壓區域，只能繞著它旋轉。

因此，氣候定律之一就是：如果你在北半球，面朝下風，低氣壓一定在你的左邊，高氣壓則是在你的右邊（見圖4-24）。原因就在於地球的自轉（這個定律**幾乎**完全適用，但是偶爾會出現瘋狂的情況，使得它失敗，原因是除了地球自轉之外，還有其他力量牽涉在內）。

爲什麼澡盆裡面不發生這種現象呢？原因如下：要產生這種現象的條件是一開始水就有旋轉——而澡盆裡的水的確**在**轉動。但是地球自轉多快呢？一**天**僅只轉一圈而已。但是你能夠保證你澡盆裡的水，都是在進行相當於一**天**只繞澡盆一圈的運動嗎？不，相反的，澡盆有很多波濤、水花！所以這個效應只在尺寸夠大的地方才

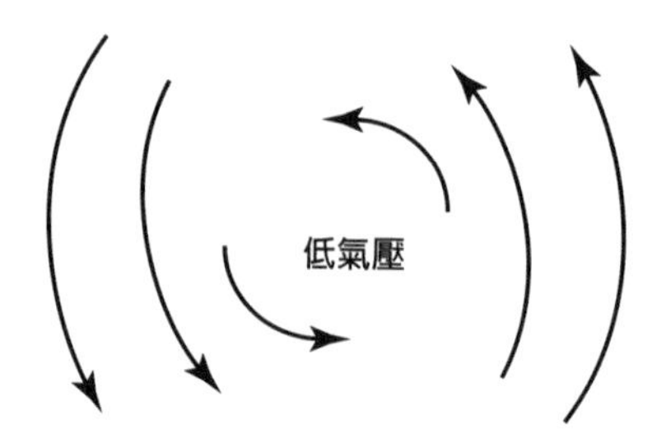

圖 4-24　北半球高壓空氣向低氣壓地區會聚

可行，例如相當平靜的大面積湖泊。在那裡你可以很容易證明，水的旋轉並不強，速度還不到每天一圈。這時你若在湖底打一個洞讓水排出，水會往正確的方向旋轉，如同先前所預測的。

另外還有一些跟地球自轉有關的有趣現象，其中之一是旋轉導致地球成了非正圓的球形——由於離心力抵消了部分重力，使地球成了扁球形。如果你知道地球給了多少力，你可以計算出地球應該**有多**扁。如果你假設地球是完美的流體，要流往終極的位置，你會發現算出來的地球扁率，在計算與測量的精密度（誤差約在百分之一）之內，等於實際上的扁率。

同樣的假設卻不適用於月亮，月亮的扁圓不平衡程度，遠大於它目前自轉速度所能解釋的程度。也就是說，要不是以前它還是液態時，自轉速度比現在的要快，而且冰凍後非常堅固，使它能抗拒變成正確形狀的趨勢，不然就是月亮未曾經歷液態時期，而是由許多隕石堆積而成——當時實際負責這件工作的天神，不夠精準平衡，以致於變成了目前這幅模樣。

我還要告訴你們另外一件事實，那就是扁圓地球自轉的那根軸，並不跟「黃道面」（地球繞太陽公轉軌道的平面，而它幾乎也是月亮繞地球公轉軌道的平面）垂直。如果地球是正圓球，它的重力跟離心力對地心來說，應該是平衡的。但是實際上地球形狀有些扁平，以致於力並不平衡，於是重力會造成一些力矩，這個力矩會把地球轉軸轉到跟重力的方向垂直，所以地球就像一個巨大陀螺儀，在太空中「進動」（見圖4-25）。

今天指向北極星的地球轉軸，事實上正在緩慢的偏離北極星，沿著一個頂角爲 $23\frac{1}{2}$ 度的圓錐面繞圈子，陸續會指向剛好位於這圓錐面上的其他星星。要在26,000年後，地球轉軸才會再度指向北極

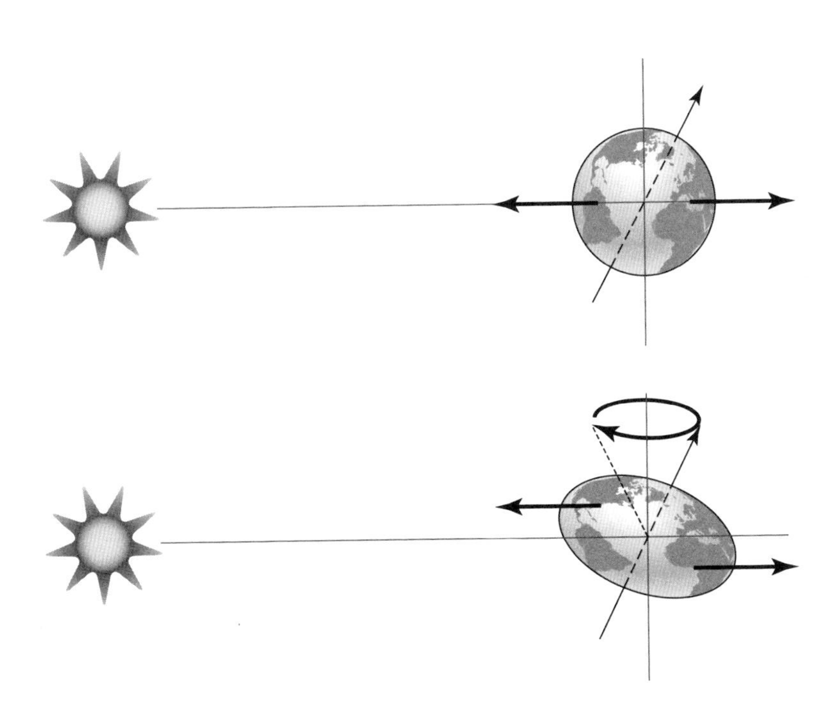

圖4-25　由重力引起的力矩使扁圓地球進動

星。如果你在26,000年後重生，你看到的一切對你來說都不新奇，如果你在其他的時間出現，你將發現「北極星」位於其他方位（而且也許要改名才行）。

4-10 旋轉的圓盤

上一堂課（《費曼物理學講義》第I卷第20章〈空間中的轉動〉）下課前，我們曾經討論到一件有趣的事實，那就是剛體的角動量不見得跟它的角速度同一方向。我們用的例子，是一個斜綁在轉動軸上的圓盤，如圖4-26中所示。我想就此例再進一步探討。

首先讓我再提醒你一件我們談過的趣事：那就是對任何一個剛體而言，一定會有一根通過質量中心點的軸線，繞著它的轉動慣量爲極大，而另外還有一根通過質量中心點的軸線，轉動慣量爲極小，而且這兩根軸必定相互垂直。對於如圖4-27中所示的長方形剛體，這個結果一眼就可以看得出來，但是令人意外的是，任何形狀的剛體也都是如此，毫無例外。

這兩根軸加上與它們垂直的第三根軸線，合稱爲該剛體的主軸。主軸有著下述特殊性質：該物體在任何一根主軸方向上之角動量分量，等於它在該同一方向上之角速度分量乘以該物體繞此軸的轉動慣量。所以如果 $\mathbf{i}$ 、 $\mathbf{j}$ 和 $\mathbf{k}$ 分別爲一個物體之三根主軸上的單位向量，而相對於各主軸的主轉動慣量爲 A 、 B 和 C ，那麼當該物體繞著質量中心以角速度 $\boldsymbol{\omega} = (\omega_i, \omega_j, \omega_k)$ 轉動時，它的角動量爲

$$\mathbf{L} = A\omega_i\mathbf{i} + B\omega_j\mathbf{j} + C\omega_k\mathbf{k} \tag{4.1}$$

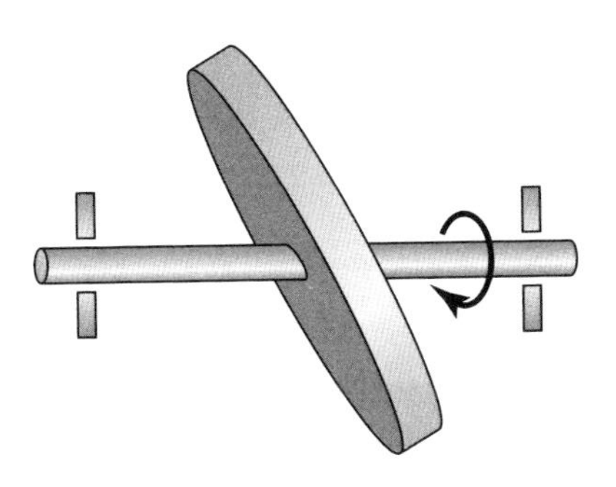

圖 4-26 斜著固定在一根轉動軸上的圓盤

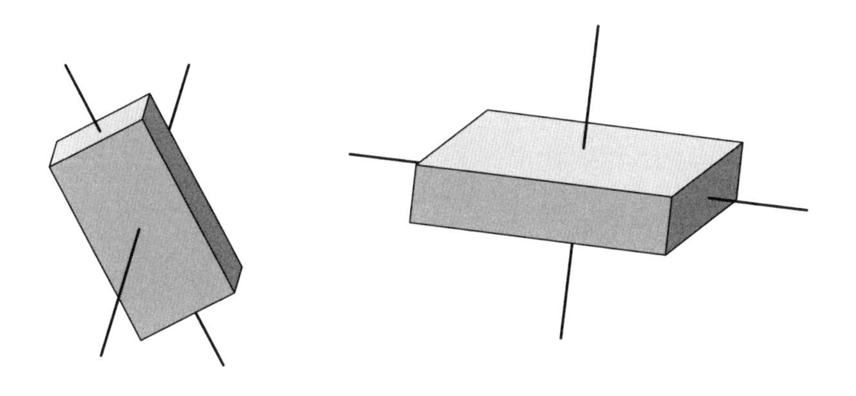

圖 4-27 長方形塊狀物跟它們的極大和極小轉動慣量主軸

對於一塊質量爲 m 、半徑爲 r 的薄圓盤來說，它的主軸如下：最主要的軸是垂直於圓盤，其極大轉動慣量 $A = \frac{1}{2}mr^2$ 。跟第一主軸垂直的任何軸，會有極小的轉動慣量 $B = C = \frac{1}{4}mr^2$ 。各主軸的慣性動量並不相等。事實上，$A = 2B = 2C$ 。所以，當圖 4-26 中的軸轉動時，該圓盤所產生的角動量跟它的角速度並不平行。該圓盤為**靜力學上**的平衡，因為它的質心附著在軸柄上，但是它在**動力學上**是不平衡的。當我們轉動這個軸柄時，我們必須轉動該圓盤的角動量，所以我們必須施以力矩。圖 4-28 顯示了圓盤的角速度 $\boldsymbol{\omega}$ 跟它的角動量 $\mathbf{L}$，以及它們沿著各圓盤主軸的分量。

現在讓我們把事情弄得稍微複雜、也更趣一些：譬如我們在圓盤上安裝一副軸承，這樣子我們就可以讓該圓盤繞著**它的**第一主軸，以角速度 $\boldsymbol{\Omega}$ 轉動，如圖 4-29 所示。

當軸柄轉動，圓盤會有**實際**角動量，它是軸柄轉動**與**圓盤轉動產生的角動量之和。如果依照圖 4-30 中所示，我們讓圓盤繞主軸的轉動方向跟軸柄的相反，我們就能夠減少圓盤在主軸方向上之角速度的分量。事實上，由於圓盤第一跟第二主軸的轉動慣量比剛好是 2 ： 1，(4.1)式告訴我們，若讓圓盤後轉的角速度剛好等於軸柄前轉速度的**一半**（也就是讓 $\boldsymbol{\Omega} = -\frac{1}{2}\,\omega_i\,\mathbf{i}$），我們就可以很神奇的讓這個東西的總角動量正好是在沿著軸柄的方向上——這時我們可以把

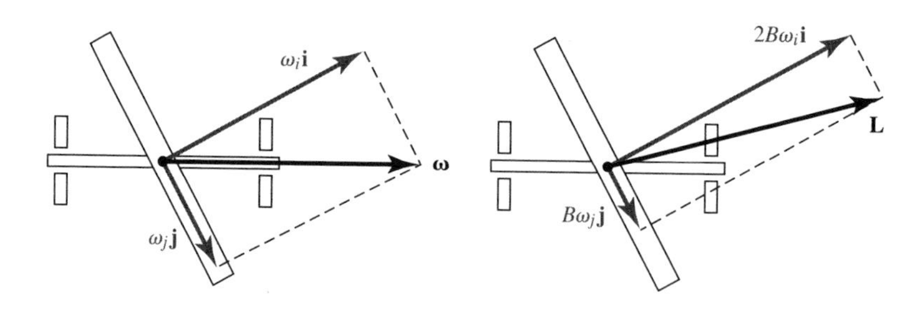

圖 4-28　固定在軸柄上之圓盤的角速度 $\boldsymbol{\omega}$ 跟角動量 $\mathbf{L}$，以及它們沿著圓盤各主軸的分量。

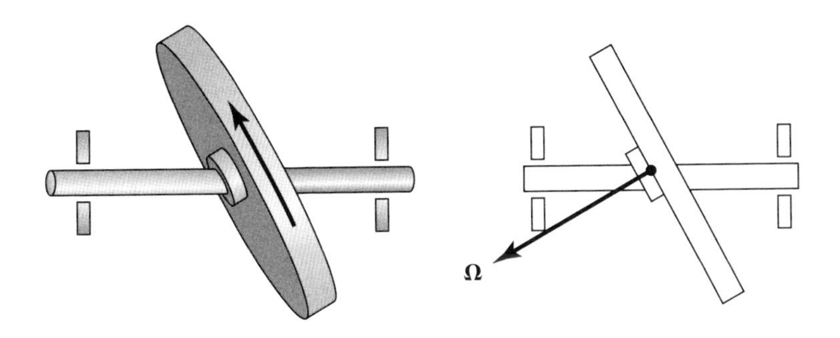

圖 4-29 軸柄維持靜止不動，讓圓盤繞第一主軸，以角速度 Ω 轉動。

軸柄拿開，因為它上面完全沒有作用力（見圖 4-30）！

這就是自由物體轉動的方式：如果你把一件物體，例如一個餐碟[3]或是一枚硬幣隨意拋在空中，你會發現它不只是繞某一個軸轉動，而是兩個旋轉動作的組合，其中之一是繞著這件物體的主軸，另一個則是繞著另一根歪斜的軸線，兩者之間維持很好的平衡，使得淨角動量是固定不變的。不過這樣會讓這件物體搖晃擺動——但地球也是如此搖晃擺動。

[3] 原注：對費曼博士而言，旋轉／搖晃的圓盤有特殊意義。他在《別鬧了，費曼先生》書中〈眼中無「物」，心中有「理」〉那一章的結尾寫道：「後來我獲頒諾貝爾獎的原因——費曼圖以及其他的研究——全都來自那天我把時光『浪費』在一個轉動的餐碟上！」

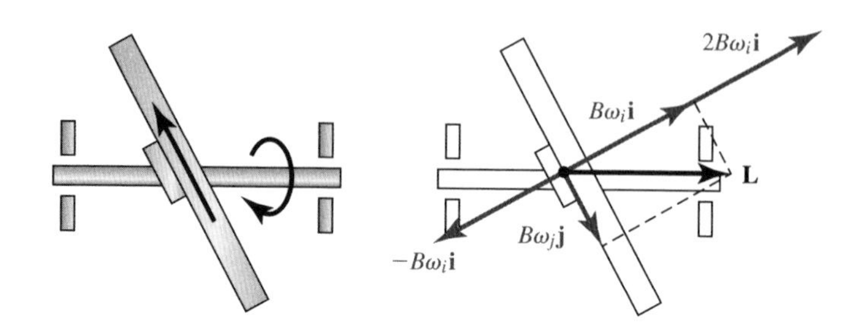

圖 4-30　轉動軸柄並同時讓圓盤繞著主軸反向轉動，這樣一來總角動量的方向就平行於軸柄。

4-11 地球的章動

有人從地球進動的週期—— 26,000 年——證明它的極大轉動慣量（繞著貫穿地球兩極的軸）跟極小轉動慣量（繞著穿過赤道之任一軸）之間的差別僅 306 分之一——即地球相當接近正圓球。然而由於極大跟極小轉動慣量有差別，外界對地球的任何擾動，都會讓地球繞著某個其他軸有些許的轉動：也就是，地球除了進動之外也會有章動。

你可以計算出地球章動的頻率：結果是 306 天。而你也可以把它量得很精確：兩極的確在作極小幅度的搖擺，從地球表面測量，北極在空中搖擺的距離範圍約為 15 公尺，它轉來轉去、忽前忽後，毫無規則。但是其中最大、最主要的運動有 439 天的週期，並**不是**計算得到的 306 天，為何會如此是個謎。但是這個謎很容易解：原來在作分析時，我們假設整個地球是個剛體，但事實上不然，地球的內部有些部分是液體，這造成兩個結果：第一，它的週期和剛體的週期不同，第二，地球晃動的程度會漸漸小下來，最後應該完全停止——這是爲何實際章動的幅度如此之小。那麼促使地球章動的原因——儘管幅度變小——是種種不規則的效應在擾動地球，例如狂風跟洋流。

4-12 天文學上的角動量

太陽系最讓人驚異的特性之一是，每一個天體都依循橢圓形軌道運行，這個現象的發現者是克卜勒。後來這個現象可以用重力定律去解釋。但是太陽系還有許多似乎很不容易解釋的規律。比方說，我們看到所有繞太陽運行的行星，大致上都坐落在同一個平面裡，而且除了少數例外，它們的自轉方式都相同——從西向東，跟地球一樣。幾乎所有行星的衛星都以相同的方向繞行星運行。所以，除了少數例外，每樣東西都以同樣的方式在旋轉。所以一個有趣的問題就是：太陽系究竟是怎麼變成如此的？

在研討太陽系起源上，最重要的考量之一是角動量。如果你想像一大堆塵土或氣體，因重力而聚集緊縮，即使最初它只有很小量的內部運動，這些運動的角動量必須保持固定。當「雙臂」收攏、轉動慣量減小時，角速度就必須隨之增加。行星的出現跟種種表現可能只是太陽系爲了能繼續聚集縮小，而必須不時拋棄角動量的結果——但我們並不確知。但是事實上，太陽系的角動量的確約有95%是在行星上（不錯，太陽的確是在旋轉，但它的角動量只占了全部的5%）。這個問題曾經被討論過許多次，但是我們仍然還不完全理解在稍微有些轉動的前提下，氣體如何收縮或是一大堆塵埃如何聚集在一起。大部分的討論都在開始時會提到角動量，但是在接下去的分析裡卻不再去理會它。

天文學裡另一個滿嚴重的問題牽涉到星系──星雲──的發展過程。是什麼決定了它們的形狀？圖 4-31 列舉出了好些不同類型的星雲，其中有著名的普通螺旋星系（也就是我們銀河系所屬的一型）、有棒狀旋星系（其中心部分有一塊棒狀結構，棒子的兩端延伸出很長的雙臂），以及橢圓星系（這類完全看不到臂狀結構）。問題是：它們為什麼彼此不同？

當然可能是由於這些不同的星雲有不同的質量，如果起先的質

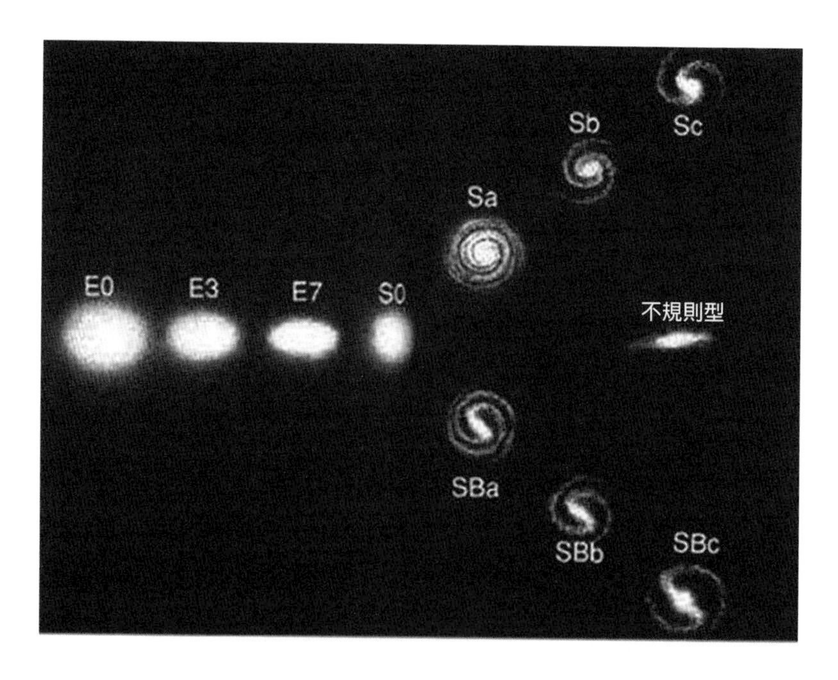

圖 4-31　不同類型的星雲：螺旋星系、棒狀旋星系、及橢圓星系。

量不同，得到的結果也會不同。那是可能的，但因爲大部分星雲都具有螺旋性質，讓人幾乎可以確定，這跟角動量脫離不了關係。所以看起來更可能是由於原來氣體跟塵埃團（或任何你認爲是星雲前身的東西）帶有不同的角動量。有些人還提出另一種可能性，那就是不同類型的星雲代表發展過程中的不同階段，意思是說，它們的年齡不同——如果是這樣，我們的宇宙理論就會受到影響：大爆炸後擴散的氣體凝聚成各種不同型的星雲，那麼它們的年齡應該相同才對。如果星系是不斷由太空中的碎片所聚集而成的，那麼它們就可能有不同的年齡。

要眞正瞭解各型星系的形成，看來應該是牽涉到角動量的力學問題，至今卻尚未解決。爲此物理學家應該覺得慚愧：因爲天文學家一直在問：「爲何你們不幫我們研究研究，當一大堆質量被重力拉到一塊、並且在旋轉時，會發生什麼事情？你們究竟知不知道這些星系的形狀爲什麼是如此？」但是從沒有人回答這些問題。

4-13 量子力學上的角動量

在量子力學中，古典力學的基本定律 $\mathbf{F} = m\mathbf{a}$ 並不成立。雖然如此，還是有些東西仍然顚撲不破，例如能量守恆律與動量守恆律，**角動量**守恆律也依然成立——它的形式依舊非常漂亮，深入量子力學核心。角動量是量子力學分析的一個核心項目，這也就是爲什麼我們要在力學中深入討論它的主要原因之一——這樣我們才能理解原子內的各種現象。

古典力學跟量子力學一項有趣的差別是：在古典力學內，一件物體可以經由旋轉速度的不同，獲得**任何**你所想要的角動量，但是在量子力學裡，沿著任何一個軸的角動量不可能是任意值——它只能是普朗克常數（Planck's constant）除以 2π（$h/2\pi$ 或 $\hbar$）之整數倍或半整數倍，而且只能以 $\hbar$ 的倍數從一個可能數值跳到另一個可能數值。這就是量子力學中跟角動量有關的奧妙原理之一。

最後有個有趣的重點：我們把電子想像爲一種極單純的基本粒子，然而它卻具有一個內在角動量（intrinsic angular momentum）。因此我們不能只把電子看成是簡單的電荷點，而是具有角動量的一個眞實物體的某種極限。它有點像是古典理論中一個自轉的物體，但並不盡然：現在看起來，電子像是最簡單的陀螺儀，我們想像它有一個非常小的轉動慣量，並繞著它的主軸極快速的旋轉。有趣的是，在古典力學裡面當我們求第一近似值時，經常會把繞著進動軸的轉動慣量給忽略掉——對電子來說那似乎是很**正確**的做法！換句話說，電子似乎是一種具有無窮小轉動慣量的陀螺儀，以無窮大的角速度在旋轉，因而產生**有限**的角動量。它是一種極限的情況，而跟陀螺儀不**完全**相同——甚至更爲簡單。但是對我們來說，這仍然是很奇怪的事。

如果你想看，我這裡有陀螺儀的內部，如圖 4-13 所示。今天這堂課就講到此結束。

4-14 演講之後

費曼：如果你透過放大鏡非常仔細的去瞧，你可以看到一些用來把電力供應給金屬罐的電線，它們非常纖細、形狀呈半圓形，它們把電力接到罐外的幾個小接頭上。

學生：這樣的一個東西得花多少錢呀？

費曼：上帝才知道它們花費多少錢。這中間有太多精密工作的投入，製造它們只是其中一小部分而已，隨後的校正跟測量功夫才是大宗。注意看這些小洞以及那四個黃金接頭，顯然是遭人折彎過的，他們之所以把接頭折彎，是要讓金屬罐變成完美的平衡。然而如果油的密度改變，這個金屬罐就不會浮在油內，它要麼下沉、要麼上浮，都會對支軸產生壓力。爲了確保油的密度在正確的範圍以內，讓金屬罐不至於下沉或上浮，你必須使用自動電熱絲裝置，維持油的溫度在非常小的範圍內，上下不能超過千分之幾度。其次還有鑲嵌著寶石的支點，這寶石就像貴重手錶裡面的那樣。所以你看，這玩意兒一定非常昂貴——我甚至不知道有多貴。

學生：不是有人研究過另一種陀螺儀，在具有彈性的棍子頭上裝上重物？

費曼：對，沒錯，有人曾經試過其他不同設計跟其他方法。

學生：那不是可以減少軸承的問題嗎？

費曼：這麼說罷，它會減少某方面的問題，同時製造出其他方面的問題。

學生：如今有人使用它嗎？

費曼：就我所知沒有。至目前爲止，曾經實際派上用場的陀螺儀就是我們先前所討論過的那幾種，我認爲其他設計大概都還無法跟那些陀螺儀相提並論，但差距不大。目前這還是開拓中的項目，人們仍在努力設計新的陀螺儀、新的裝置、新的方法，也許它們之中有一個會替我們解決問題，比方說，現在的陀螺儀對軸承精確度要求之高，可說到了吹毛求疵的地步。如果你把玩過這種陀螺儀一陣子，你就會瞭解它軸上的摩擦力還眞不小。原因是，如果軸承製作得太好，轉動時轉軸就會搖晃，然後你就必須去爲那千萬分之一英寸的搖擺幅度傷腦筋——那實在是很荒謬的事，將來一定會有更好的辦法。

學生：我曾經在機械工廠工作過。

費曼：那麼你應該能體會千萬分之一英寸究竟有多麼細微：根本不可能辦到！

另一名學生：鐵陶瓷學（ferroceramics）用得上嗎？

費曼：是在磁場內支持超導體的那一檔子事吧？很明顯的，如果那顆球上有指紋，會使隨磁場改變而產生的電流稍微減少。他們正在試圖解決這些難題，不過尚未成功。

其他聰明的想法還多的是，但是我只願意介紹給大家，已經開發完成並製造出來，而且一切細節皆具體的成品。

學生：這東西上的彈簧還**真夠**纖細呢。

費曼：對，它們不只細小，做工還極為精巧：你知道它們的鋼質非常好，是彈簧鋼，一切都無懈可擊。

這種陀螺儀真的非常不切實際，它所需要的精確度極難達成。它必須在完全無塵的房間裡製造——工作人員得穿上特殊的外衣、手套、靴子以及面罩，因為只要有一粒灰塵掉到這些組件上，就能造成多餘的摩擦。由於每件東西都必須**那麼**小心的製造，我敢打賭，他們製造出來的產品中，丟棄掉的遠比及格可用的多。它不只是許多小東西的組合而已，製作陀螺儀是相當困難的，其中所要求的精確程度，已經到達我們目前科技能耐的極限。所以它是極有趣的東西，任何你能發明或設計出來的改良方法，當然都會是了不起的事。

其中一個主要問題是：一旦該金屬罐子的軸偏離了中心，它轉動時，你其實是在測量繞著錯誤的軸的旋轉，因而答案變得很可笑。但是我認爲這種情形應該（或幾乎應該——也許我的猜想不對）很容易被發覺而不那麼**重要**。我們應該找得到辦法去支撐旋轉中的東西，而此支撐能緊隨著重心。同時你可以測量到它正在扭轉，因爲扭轉動作跟讓重心偏離是兩碼子事。

我們想要獲得的是能夠直接測量出繞著重心扭轉的裝置，假如我們能研發出某個方法使得測量出的扭轉**的確**是圍繞著重心，那麼即使重心有些搖晃，也不會產生任何影響。如果那整個平台在搖晃，而此搖晃又正好跟你試圖測量對象的運動屬於**同**類，那麼就無法擺脫搖晃。然而此偏心輪並**不**跟你試圖測量的對象完全一樣，所以我認爲一定有解決辦法。

學生：一般說來，機械類比式（mechanical/analog）積分器是否正在逐漸式微，而爲電子數位積分器所取代？

費曼：是呀，沒錯。

大部分積分裝置都是電子的，它們通常分屬兩個類型。一類叫做「類比」式：這類裝置使用的是**物理方法**，它的測量結果就是某樣東西的積分。譬如你有一個電阻，當其兩端有電壓差時，電流就會流經此電阻，電流的大小與電阻成正比。但是如果你量的是總電荷，而不是量電流，那麼你量得的就是電流的積分，明白吧？機械方式的一個例子是：你可以藉由測量一個角度的大小去得到加速度的積分。你可以利用各種不同的方法來做這類的積分，無論我們是用機械方式或是電子方式，都不會有什麼區別——通常是電子方式——但是它仍然是個類比方法。

還有另一種方法，那就是從裝置得出信號，然後將信號轉換成譬如說頻率：所以我們的機器就製造出很多脈衝，當信號變得更強，它製造脈衝的速率就愈快，然後你去數脈衝的總數，你懂吧？

學生：並且積分脈衝的數目？

費曼：只是去**數**脈衝。你可以用一個類似計步器原理的裝置去數，每遇到一個脈衝就推它一下。你也可以利用電子的裝置做這件事，讓眞空管閃來閃去。接下來如果你想再積分一次，你可以用**數值**方式做積分——就像我們在黑板上做過的數值積分那樣。你可以由此製造出加數機（adding machine）——不是積分器，而是加數機——我們用這台加數機把數字加起來。如果你的設計不錯，**這些**數字不會有什麼誤差。因此從積分裝置而來的誤差可以減低到零，然而來自測量儀器的誤差，例如來自摩擦的誤差，還是無法完全消除。

目前他們在火箭跟潛水艇內、尙未大幅度的**使用**數位積分器，但是顯然是朝該方向前進。他們可以去除掉由積分機器的不準確性所製造的誤差——一旦你能把信號改變成了所謂的數位資訊（一個點一個點的訊號），也就是可數的東西，這種誤差就**能**避免。

學生：這麼一來，你就有了數位電腦？

費曼：這麼一來，你就只會有某種小型數位電腦，它可以用數值方法做兩次積分。長遠看來它比類比式的高明些。

目前的電子計算機絕大部分仍採類比方式，但是非常有可能會數位化——也許就在一兩年之內——因爲它沒有誤差。

學生：你可以使用百百萬週期邏輯囉！

費曼：最重要的並不是速度，這僅僅是個設計上的問題。如今類比式積分器已經不太符合愈來愈高的精確要求，而最簡單的解決方法就是數位化，我猜這很可能就是下一步的走向。

但是眞正問題還是陀螺儀本身，它必須愈做愈好。

學生：非常謝謝你這堂講解應用的課。你想以後在這個學期裡面，還會有機會多講一些嗎？

費曼：你很喜歡有關應用的東西囉？

學生：我在考慮讀工程。

費曼：好。嗯，當然，它可是機械工程上最美麗的東西之一！

讓我們試試……啓動了嗎？

學生：沒動。我猜插頭沒插上。

費曼：啊，對不起！這下應該可以了，**現在**把開關打開。

學生：按了之後它顯現的是「關」。

費曼：**什麼**？我不曉得是哪裡出了問題。算了，我很抱歉。

另一名學生：可否請你把陀螺儀上的柯若利斯力（Coriolis force）是如何作用的，再講一遍？

費曼：可以。

學生：我已經能夠理解它對遊樂場旋轉木馬所發生的作用。

費曼：很好。這是一個正在繞著軸旋轉的轉輪——正如轉動中的旋轉木馬。我要證明的是：如果要**轉動**它的軸，我必須**抗拒進動**……或者更正確的說，在支撐軸的棍棒中會有應力，瞭解嗎？

學生：瞭解。

費曼：現在讓我們注意看，當我們轉動旋轉軸的時候，坐落在陀螺儀飛輪上某一粒子的**實際**運動會是如何。

如果飛輪**不在**旋轉，粒子的軌跡會是一個圓。它會有離心力，而此離心力會被飛輪輻上的應力所平衡。然而，飛輪**是**在很迅速的旋轉，所以當我們轉動輪軸時，那一塊物質在動，而且飛輪也會轉動，明白嗎？它最初位置在這兒，下一個時間點卻到了這兒：我們上到這裡來了，但是陀螺儀也轉了。所以這一小塊物質以曲線運動。那麼當你沿曲線運動時，你必須拉住——如果它的軌跡是曲線，它就產生離心力。這個力並不會被徑向的輪輻所抵消，它必須被輪上的**側向**推力所抵消。

學生：啊！原來這樣！

費曼：所以為了在輪軸轉動時能**握住**它，我必須另外從側面去施力。你聽懂了吧？

學生：懂啦！

費曼：還有一個重點。你也許會問到：「既然受到了側向力，為何整個**陀螺儀**並未移動？」當然答案是：沒錯，但飛輪的**另一端**正朝**相反**的方向運動。你如果作同樣的分析，在飛輪轉動的時候，注意另一邊輪子上的粒子如何運動，那你就會知道它對於另一邊會施加一相反的力。所以陀螺儀不會受到淨力。

學生：我開始有點理解了，但是我還是不瞭解，那飛輪旋轉跟不旋轉會有啥差別。

費曼：啊，你應該知道，這中間的差異可是天淵之別，而且旋轉得愈快，效應就愈強——雖然答案不是很明顯。因為當飛輪旋轉得較快時，質點所劃過的曲線應該是比較平滑，但另一方面，質點移動的速度較快，就比較難去相互對照查驗。無論如何，事實上，飛輪旋轉的速度愈快，力就會愈大——事實上是與速度成正比。

另一名學生：費曼博士……

費曼：什麼事？先生。

學生：你是否真能心算算出兩個七位數的乘積？

費曼：**不，沒**那樣的事。我甚至不能心算算出兩位數乘兩位數的答案。我只會**個**位數相乘。

學生：你是否認得在華盛頓州中央學院執教的哲學教授？

費曼：你問這幹嘛？

學生：是這樣的，我在那兒有個朋友，我們有好一陣子沒見面。聖誕節假期他向我問好，我告訴他我在加州理工學院上學。於是他問我：「你們是否有位姓費曼的教授呀？」──因爲他的哲學老師跟他說，加州理工學院有位叫費曼的教授非常了不起，可以心算算出兩個七位數的乘積。

費曼：這個說法不符事實。但是我能做些別的事。

學生：我可否替這些儀器照幾張相？

費曼：當然可以！你要照些近距離的特寫，還是怎樣？

學生：我想這樣就可以了。首先我要把**你**也照在裡面，留作紀念。

費曼：我會記得**你**的。

第5章 精選習題

[1] 原注：這些習題選自《普通物理學習題》。作者為羅伯·雷頓及沃革特，最早在1969年由年由艾迪生·維斯理出版社出版，美國國會圖書館目錄卡號碼73-82143。相關故事請參閱本書由高利伯執筆的序。

以下習題的分類是根據《普通物理學習題》中的篇章安排的。緊接在每一節名稱後都有一個括弧，提供與該節問題相關的內容在《費曼物理學講義》中的出處。比方說，在第5-1節〈能量守恆，靜力學（第I卷，第4章）〉這個章節中的習題涉及或依據的　　課程內容，可在《費曼物理學講義》第I卷，第4章中讀到。

每一節的習題又依據難度進一步細分成三類：「★」爲容易、「★★」爲中等、「★★★」則是表示該問題相當複雜且很有深度。一般程度的學生應該能輕鬆解答標示爲容易的習題，而且應該能在合理的時間內——每題也許十到二十分鐘——解出大部分的中等難度習題。至於那些複雜且有深度的習題，通常需要更深刻的瞭解、或更長的思考，它們針對的主要對象是較優秀的學生。

5-1 能量守恆，靜力學（第I卷，第4章）

1-1　★

半徑爲3.0公分、重1.00公斤的球，停在一塊跟水平面夾α角的斜面上，另一邊碰到一垂直牆面。假設兩個表面的摩擦力都可以忽略，求出該球分別對這兩平面的壓力。

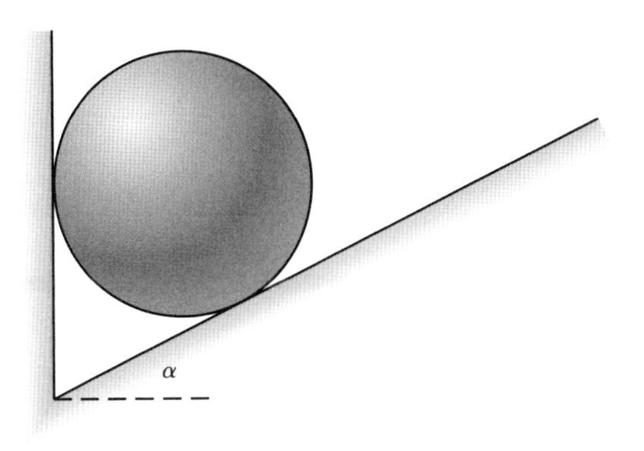

圖 1-1

1-2 ★

圖中系統處於靜止平衡狀態。請用虛功原理求出 A 跟 B 的重量。繩子的重量跟滑輪上的摩擦力皆可忽略不計。

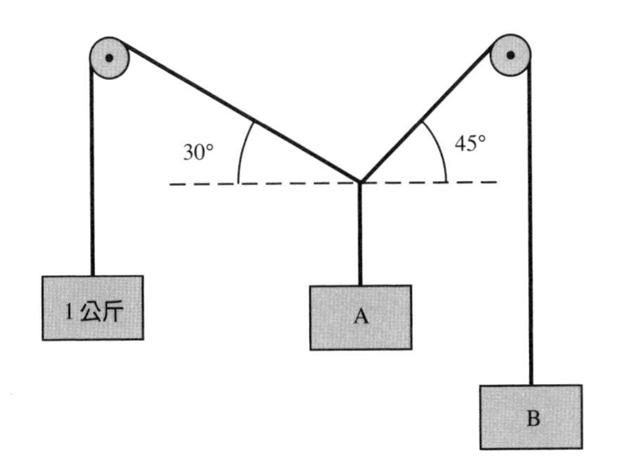

圖 1-2

1-3　★

需要多大的水平推力（指向輪軸）才能使重量爲 W 、半徑爲 R 的輪子越過地面上高度爲 h 的磚頭？

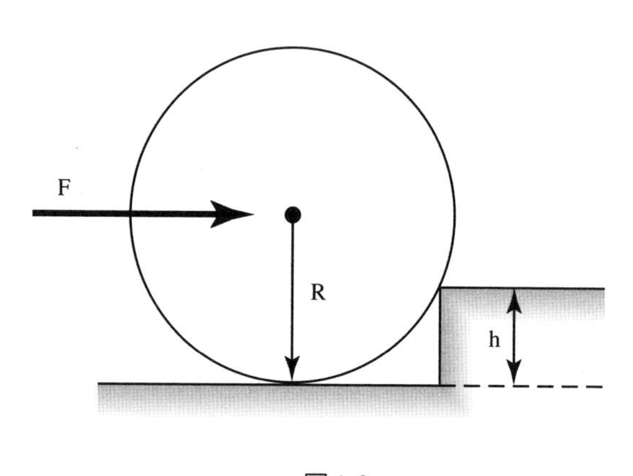

圖 1-3

1-4　★★

如圖所示，有重物 M_1 在高度爲 H 、仰角爲 45° 的斜坡上滑動。它經由柔軟卻輕若無物的繩索、繞過一個小滑輪（質量亦可忽略），和另一塊質量相同的重物 M_2 相連，後者垂直懸吊在空中。而這根繩索的長度剛好讓兩塊重物的高度同爲 H/2 ，又滑輪跟重物的大小比起 H 來，都小到可以忽略。兩重物原是被人拉住而靜止不動，但在時間 $t = 0$ 時，拉住的手突然放開。

a) 當 $t > 0$ 時，試計算 M_2 的垂直加速度。

b) 哪一塊重物會向下移動？又何時它會碰及地面？

c) 如果 (b) 中的重物碰到地面後停止，而另一塊繼續移動，試證明它會或不會撞到滑輪。

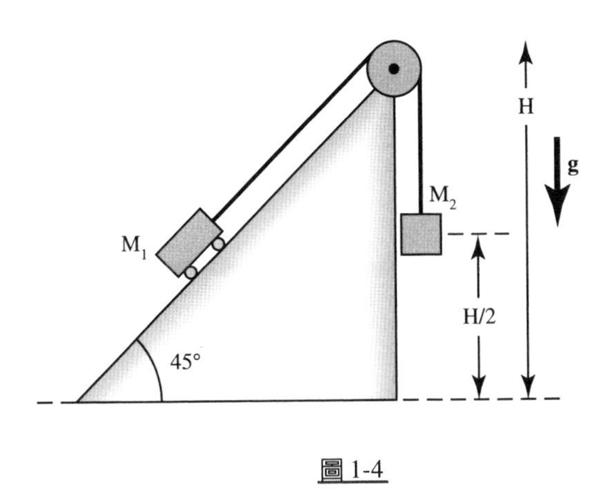

圖 1-4

1-5 ★★

有一塊重量為 W 、長度為$\sqrt{3}$ R 的木板，躺在一個表面光滑的圓形水槽裡，木板的一端有一個重量為 W/2 的重物。試計算當達平衡時，圖中的 θ 角為多大。

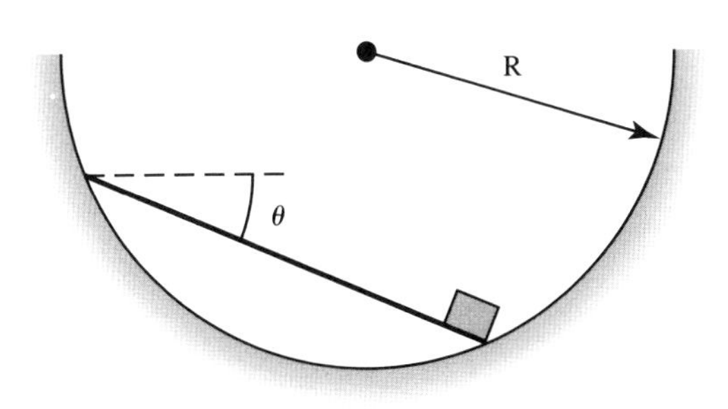

圖 1-5

1-6　★★

世界博覽會的庭院有一件裝飾品，它是由四個完全相同、沒有表面摩擦力的金屬圓球所組成，每個球的重量為 $2\sqrt{6}$ 噸。這四顆球將會安排成如圖中所顯示的方式：其中三顆球擺放在同一水平面上、相互碰觸，第四顆則自由擺在那三顆球的中央上方。為了不讓下面三顆球分離，它們相互碰觸的地方（共三點）用點焊連接起來。如果容許的安全係數（safety factor）為 3，請問那些點焊必須能承受多大的張力？

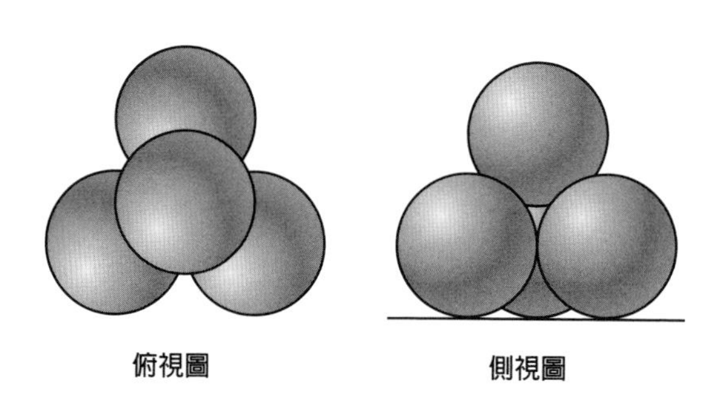

圖 1-6

1-7　★★

質量 M = 3 公斤的線軸，中間的圓柱部分半徑 r = 5 公分，而兩端的圓板半徑 R = 6 公分。此線軸在一塊上有長縫隙的斜坡上，它只能滾動而不能滑動。另有一根線繞在此線軸上，一端固定在線軸上，另一端懸吊著一個 m = 4.5 公斤的重物。我們看到這個系統正處於平衡靜止狀態，請問該斜坡的仰角 θ 應該是多大？

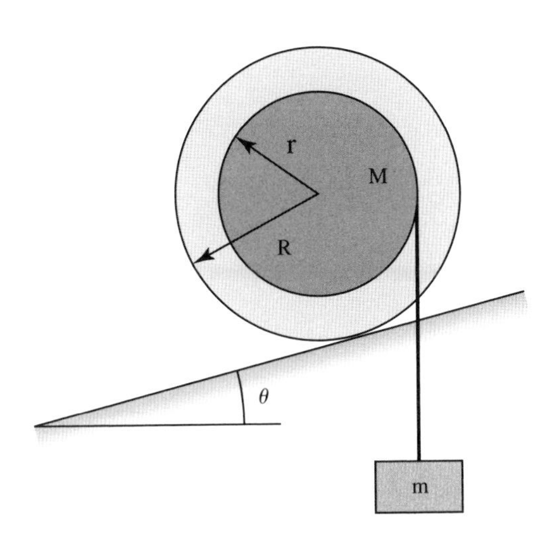

圖 1-7

1-8 ★★

如圖所示，斜坡上有台一小車，被一塊重物 w 所平衡而靜止不動，所有摩擦力都小得可以忽略，求小車的重量 W 。

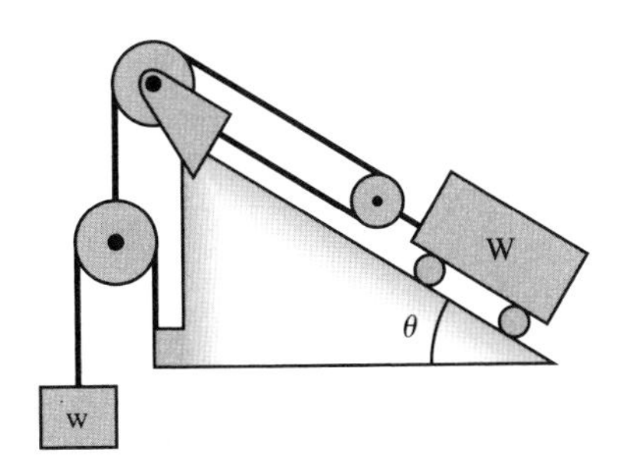

圖 1-8

1-9 ★★

一個橫截面積爲 A 的水箱，裡面裝載的液體密度爲 ρ。在水箱上有一個截面積爲 a 的小孔，讓液體自由噴出來，小孔與液體表面的距離爲 H。如果該液體沒有內摩擦（黏滯性），那麼它從小孔噴出來的初速應該是多少？

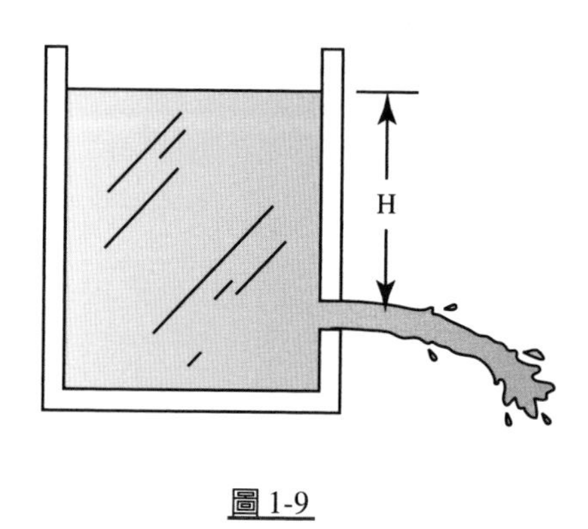

圖 1-9

5-2 克卜勒定律與重力（第 I 卷，第 7 章）

2-1 ★

地球軌道的離心率爲 0.0167，求地球在軌道上運動的最快速度與最慢速度之比。

2-2 ★★

一個眞正的「同步」衛星繞地球轉動時，跟地球自轉同步，對地球表面上的一點 P 來說，這顆衛星在天上的方位永遠固定不變。

a) 有直線連接地球中心和此衛星，如果 P 就是這條直線穿過地球表面的交點，那麼 P 能有任何緯度嗎，或有何限制？請解釋。

b) 若同步衛星之質量爲 m ，它跟地球中心的距離 r_s 是多少？用地球跟月球之間距離 r_{em} 爲單位來表示 r_s 。

注意：把地球想成均勻球體。你可以假定月球繞地球的週期爲 T_m = 27 天。

5-3 運動學（第 I 卷，第 8 章）

3-1 ★

有個裝載著科學儀器的高飄氣球（Skyhook balloon）釋放後，以每分鐘 1,000 英尺的速度上升，哪曉得在 30,000 英尺的海拔高度時脹破了，於是所載的東西從該處自由下落。（這種意外的確會發生！）

a) 這些科學儀器離開地面的時間有多長？

b) 當它們落下來撞到地面時，速度會是多少？

請忽略空氣對它們的阻力。

3-2 ★

有一列火車，加速度爲 20 公尺／秒^2，減速度爲 100 公尺／秒^2。該火車在相距 2 公里的車站間行進，試問從出發到抵達，其間可能的最短時間爲多少？

3-3　★

如果你垂直向上投出一個小球，空氣的阻力會對它造成影響，那麼球向上跑的時間比較長，還是向下落的時間比較長？

3-4　★★

一場課堂示範中，一顆小鋼球在鋼板上連續彈跳。每彈一次，鋼球彈回去的速度與鋼球碰撞鋼板的速度之比值爲 e，也就是說

$$v_{\text{上升}} = e \cdot v_{\text{下降}}$$

假如鋼球是在時間 $t = 0$ 時，從鋼板上方 50 公分高的地方自由落下，30 秒鐘後，擴音器裡聲音消失，表示彈跳動作已經停止，那麼 e 值爲何？

3-5　★★

有位仁兄駕著小汽車跟隨在一輛大卡車後面，他突然注意到卡車的兩個後輪胎中夾了一塊石頭。由於這位仁兄是個安全駕駛（也是位物理學家），他立即把跟卡車的距離增加到 22.5 公尺，保證石頭一旦被輪胎拋出來時不至於會砸到他的車子。請問當時卡車的前進速度是多少？（假設石頭碰到路面之後不會彈跳起來。）

3-6 ★★★

加州理工學院的一個大一學生，不熟悉郊區的交通警察，接到了一張超速罰款單。之後，他開車到公路上的「車速表測試」路段，決定來檢驗一下他的車速表讀數。當他經過該路段的起點「0」標示時，他開始踩油門，而且以後的整個路段他都維持著等加速度。他注意到，從起點到0.10英里標示之間，他用了16秒，從0.10英里標示到0.20英里標示之間，他用了8秒。

a) 在他經過0.20英里標示時，他的車速表讀數應該是多少？

b) 車子的加速度是多少？

3-7 ★★★

在美國加州艾德華空軍基地上，有一條水平方向的試驗跑道，可供火箭和噴射動力的車子做測試。某一天，一輛火箭動力車子從跑道起點處點火出發。由靜而動，以等加速度向前衝，直到它所載的火箭燃料全部用罄，之後則維持等速度跑完全程。我們看到燃料用罄的那一刻，車子剛好行經試驗跑道的中點。另有一輛噴射動力的車子也從跑道起點處升火出發。同樣由靜而動，以等加速度向前衝，一直跑完了全程。我們看到這兩部車子居然剛好用了同樣的時間。請問這兩部車子的加速度比爲何？

5-4 牛頓定律（第I卷，第9章）

4-1　★

兩個質量 m 各為 1 公斤的物體，以一根拉緊了的線連在一起，線的長度 L = 2 公尺，它們在零 g 的環境中，以等速 V = 5 公尺／秒圍繞共同中心 C 旋轉。請問線上的張力為多少牛頓？

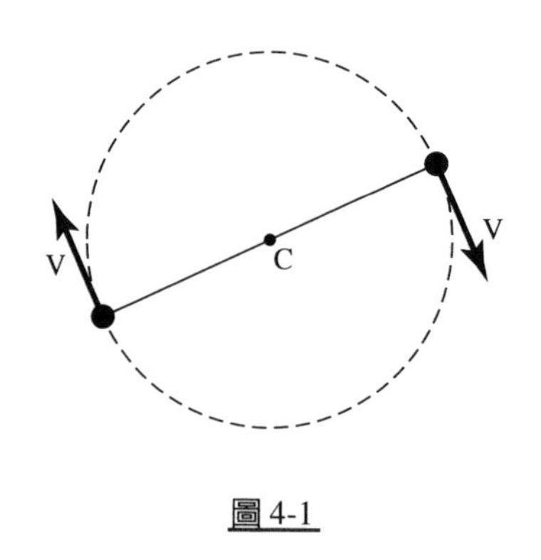

圖 4-1

4-2　★★

請問要持續對 M 施以多大的水平力 F，才能使 M_1 跟 M_2 相對於 M 是靜止的？請忽略摩擦力。

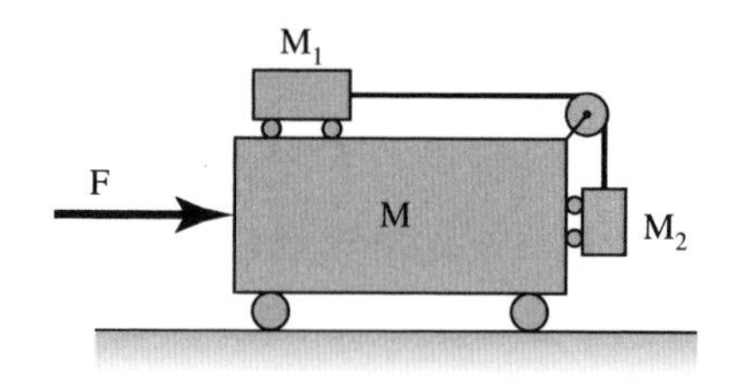

圖 4-2

4-3 ★★

圖中所示的是阿特午機（Atwood's Machine），是用來測量重力加速度的早期設計。其中的滑輪 P 跟繩索 C 的質量和摩擦力都很小，可以忽略不計，此系統開始是以相同質量 M 的重物懸吊在滑輪的兩邊（以實線表示）使其平衡，然後把一小質量 m 加到一邊的重物上，於是加了重量的這邊開始加速。經過一段距離 h 後，此另加的小質量被固定的圓環接住。於是打從此點之後，這兩塊等重重物以等速 v 繼續移動。試從測量得到的 m 、 M 、 h 與 v 四個數據，求出重力加速度 g 值。

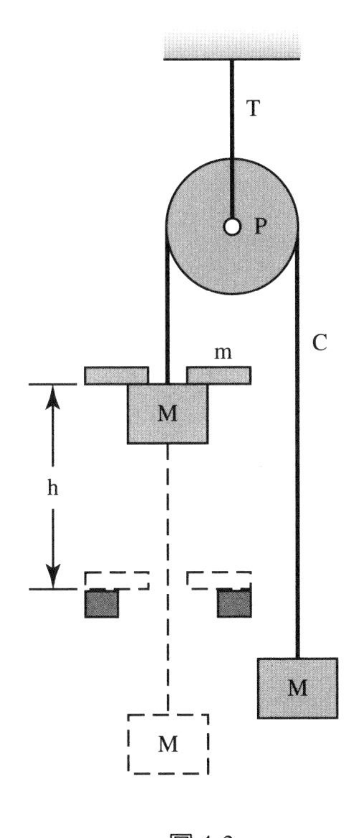

圖 4-3

4-4　★★★

體重 180 磅的油漆工在高樓外牆旁坐在工作吊板上工作。為了要很快運動，他用力拉下繩索，以致於身體壓在板子上的力變成了只有 100 磅。工作吊板的重量為 30 磅。

a) 油漆工和工作吊板的加速度是多少？

b) 滑輪所支持的總力為多少？

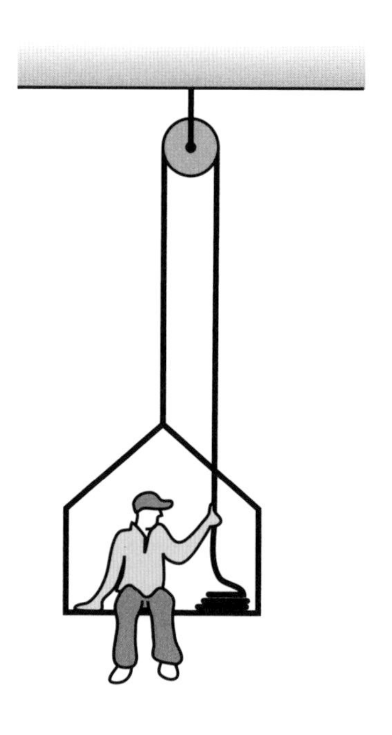

圖 4-4

4-5 ★★★

有一位太空旅行者即將出發前往月球。他帶了一個彈簧秤跟一件質量爲 1.0 公斤的重物 A 。在地球上，他把這件重物掛在彈簧秤上，秤上的讀數是 9.8 牛頓。他來到月球的某處，該處的重力加速度確切數字不詳，只知道大約是地球上重力加速度的 1/6 。他撿起一塊石頭 B ，掛在他的彈簧秤上一量，居然讀數也是 9.8 牛頓！於是如圖所示，他把 A 跟 B 分別掛在一個滑輪的兩邊，結果看到 B 以 1.2 公尺／秒^{2}的加速度下落。請問石頭 B 的質量是多少？

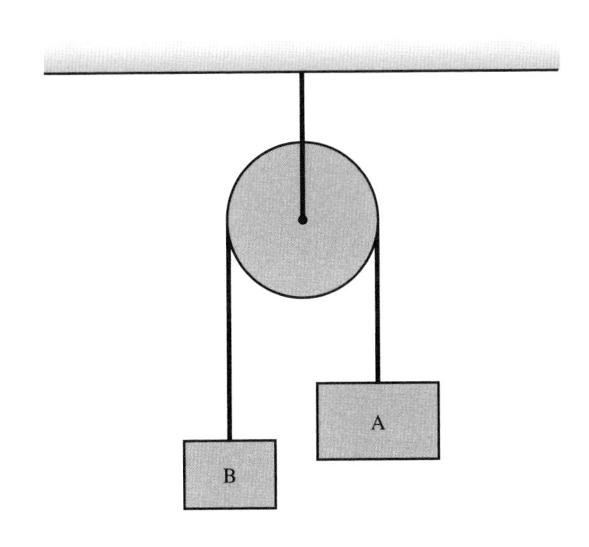

圖 4-5

5-5 動量守恆（第I卷，第10章）

5-1 ★

氣墊軌道上有兩件滑行物來去自如。其中一件 m_2 本來靜止不動，另一件 m_1 劈頭撞了上來，發生了完全彈性碰撞，之後兩件東西以等速度背道而馳，請問它們的質量比值爲何？

5-2 ★★

有重10,000公斤、長5公尺，可以自由移動的平台，在它的北端架著一挺機關槍，朝平台南端的一個厚重靶子連續射擊，射擊速度是每秒10發子彈，每顆子彈重100公克，離開槍口的子彈速度爲每秒500公尺。

a) 這塊平台會移動嗎？

b) 如果會，朝哪個方向移動？

c) 速度會是多少？

5-3 ★★

鏈條的單位長度質量爲 μ 。在時間 $t = 0$ 時，整個平躺在桌面上。其後有人抓住了它的一端以等速度 v 垂直向上拉高。求上拉力隨時變化的情形（函數）。

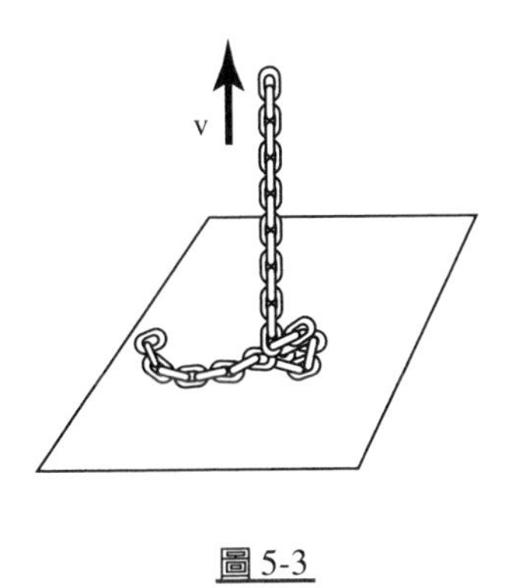

圖 5-3

5-4 ★★★

來福槍子彈速度可以用衝擊擺（ballistic pendulum）測量。質量爲 m 的子彈，速度 V 未知，射進質量爲 M 由長度 L 的繩子如擺般懸吊在天花板上的靜止實木。實木開始搖擺。幅度 x 可以量得，利用能量守恆可求得該實木在受到衝擊後的速度，試導出一個方程式，用 m、M、L、及 x 等測得數值來表示子彈速度 V。

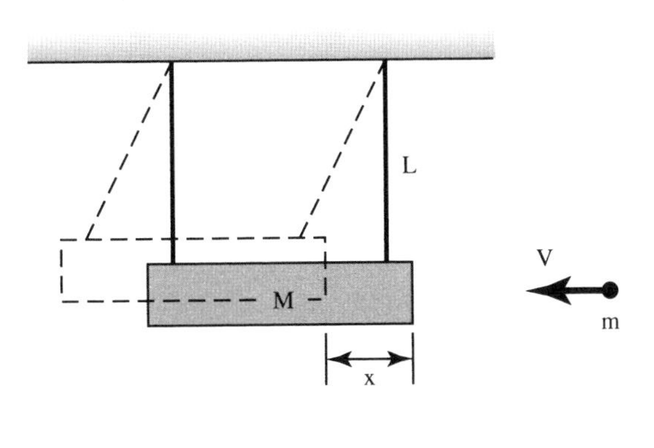

圖 5-4

5-5 ★★★

兩件質量相等的滑行物在無摩擦力的氣墊軌道上，以大小相等、方向相反的速度，v 跟 –v 對撞，此對撞幾乎是完全彈性碰撞。兩者在碰撞後會以稍小一些的速度回彈。碰撞過程中，它們會損失一小部分的動能，損失的比例爲 $f \ll 1$。如果這兩件物體進行另一次碰撞，但此時其中一件在碰撞前靜止不動，碰撞後的速率爲 v，那麼另一件物體碰撞後的速率 Δv 會是多少？（這個很小的剩餘速率 Δv 與 v 的關係很容易測量出來，所以彈簧緩衝器的彈性就可以求得。）

注意：如果 $x \ll 1$，則 $\sqrt{1-x} \approx 1 - \frac{1}{2}x$。

5-6 ★★★

有個地球衛星質量爲 10 公斤，平均橫截面積爲 0.50 平方公尺，沿著高度爲 200 公里的圓形軌道運行。那個高度的分子平均自由徑（molecular mean free path）長達數公尺，而該處空氣密度大約爲 1.6×10^{-10} 公斤／公尺^3。假設衛星跟空氣分子的碰撞爲非彈性碰撞，這是相當粗糙的假設（分子碰到衛星後其實不會黏到後者身上，而是以比較慢的速度反彈開去）。試計算該衛星所受到的空氣摩擦力。此摩擦力跟衛星的速率有怎樣的關係？衛星的速率會因爲此阻力而慢下來嗎？（查一下圓形衛星軌道的速度跟高度的關係。）

5-6 向量（第I卷，第11章）

6-1 ★★

有位先生站在一條1.0英里寬的河岸邊，他希望游泳到正對著他的對岸那一點。他有兩個方式可以到達目的地：(1) 朝上游的某個方向游泳前進，使最終的游泳路徑成一條直線。(2) 先朝對岸全力橫渡，讓河水把他帶往彼岸的下游某處，上岸之後才沿岸邊走到目的地。如果他的游泳速率爲每小時2.5英里，走路速率爲每小時4.0英里，而河水的流速爲每小時2.0英里的話，上述兩個渡河方式中，用何者較快到達？快多少時間？

6-2 ★★

一艘汽艇在筆直的河道上運行，汽艇與水的相對速度爲V，而河道中的水流速都是穩定不變的R。這艘船的第一件任務是從原來停泊處到上游距離爲d的一點來回一趟。第二件任務是橫跨河水到距離爲d的一點來回一趟。爲了簡化問題，我們假設它全程都是用全速V，甚至連掉頭時都不慢下來，一點都不耽擱時間。如果t_V是它第一趟來回所花費的時間，t_A是它第二趟來回所花費的時間，而t_L是它在平靜的湖面上航行2d距離所需時間。

a) t_V/t_A的比爲何？

b) t_A/t_L的比爲何？

6-3　★★

在長度不拘的繩子末端繫一件質量爲 m 之重物，繩子的上端繫在一個毫無摩擦力的支點上。假設我們讓該質量沿水平的圓周轉動，而該圓周平面跟支點的距離爲 H。試問該質量在此圓周軌道上的週期爲何？

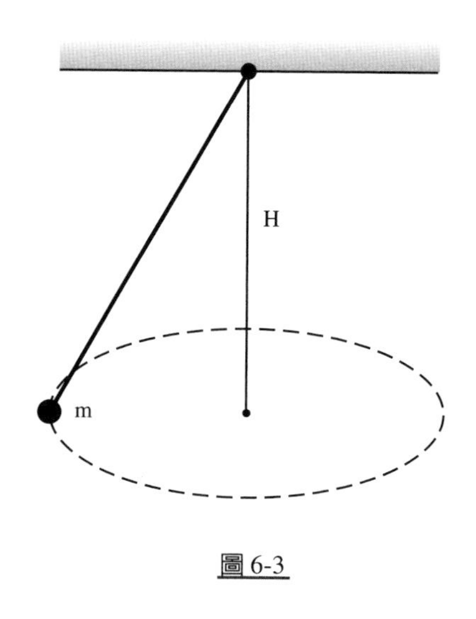

圖 6-3

6-4　★★★

你坐在一艘船上，船以 15 海里的時速穩定向東航行。這時你看到在正南方 6.0 海里處有另一艘船，以 26 海里的時速穩定向前行，後來你又看到它在你的船後面經過，而兩者之間的最近距離爲 3.0 海里。請問

a) 另外那艘船是朝什麼方向前進？

b) 從你看到它在你的正南方那一刻，到它跟你的船距離最近那一刻，之間過了多久？

5-7 三維空間中的二體非相對論性碰撞
（第1卷，第10章與11章）

7-1 ★★

一質量爲M的粒子跟另一質量爲m的靜止粒子進行完全彈性碰撞，其中 $m < M$。試求該入射粒子可能偏轉的最大角度。

7-2 ★★

質量爲 m_1 的物體在實驗室座標系，以直線速率v前進，撞上了實驗室內另一個質量爲 m_2 的靜止物體。碰撞後，我們觀察到在質心座標系內，動能的一部分在此次碰撞中損失掉，損失的能量比例爲 $(1-\alpha^2)$。那麼在**實驗室**座標系內的能量損失百分比爲何？

7-3 ★★

一個有1百萬電子伏特（MeV）動能的質子與一個靜止的原子核發生彈性碰撞後被偏轉了90°。如果質子碰撞後動能變成了0.80 MeV，那麼被撞原子核的質量M是多少（以質子質量 m_p 表示）？

5-8 力（第 I 卷，第 12 章）

8-1 ★

兩個砝碼，$m_1 = 4$ 公斤、$m_3 = 2$ 公斤，以繩索和第三個砝碼連在一起，繩索的質量可以忽略。繩索跨過幾乎沒有摩擦力的固定滑輪。第三個砝碼的質量 $m_2 = 2$ 公斤。砝碼 m_2 在水平長桌面上移動，摩擦係數 $\mu = 1/2$。在放手讓整個系統啓動後，請問 m_1 之加速度爲何？

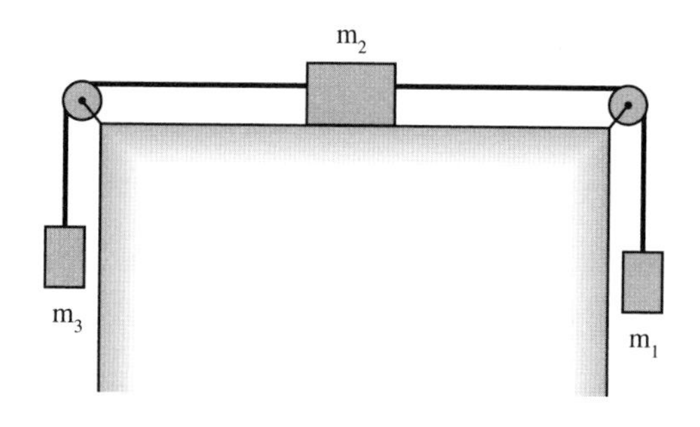

圖 8-1

8-2 ★★

一顆 5 公克的子彈水平射進一個 3 公斤的木塊內。該木塊原先是靜止躺在水平表面上，而木塊跟表面之間的動摩擦係數爲 0.2，發射後子彈沒有射穿木塊而停留在木塊內。我們看到木塊在該表面上滑動了 25 公分後停了下來，請問子彈的速度爲何？

8-3 ★★

警察在勘查汽車車禍的現場時發現，A 車撞上 B 車之前在路面上留下了 150 英尺長的煞車痕。警察知道，此處路面跟橡膠之間的摩擦係數不低於 0.6。請證明 A 車在出事前，速度必然超過了該處每小時 45 英里之速限。（注意：60 英里／小時 = 88 英尺／秒，而重力加速度 = 32 英尺／秒 ^{2}）。

8-4 ★★

一部有空調的校車正行近鐵路平交道。有一名學童把一個充滿氫氣的氣球綁在座位上，這時你注意到綁著氣球的那根線變斜了，跟垂直線之間夾角爲 30°，並且是倒向車子的進行方向。請問當時司機是在讓車減速還是加速？車子的加速度應該是多少？（公路巡警會不會讚許司機的技術呢？）

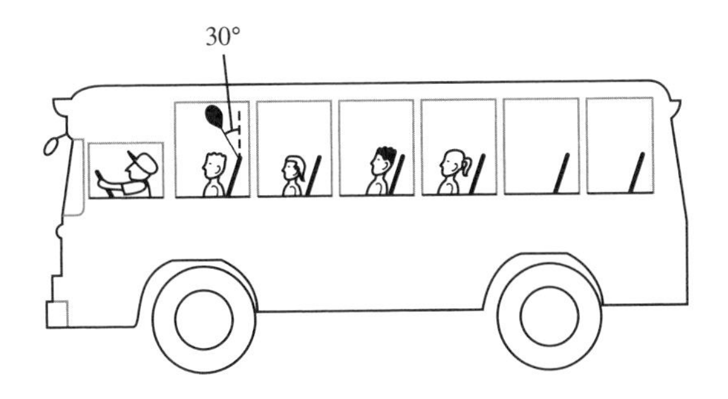

圖 8-4

8-5　★★★

有一個重量爲 W 的粒子躺在一塊傾斜的面板上，這塊面板跟水平面的夾角爲 α。

a) 如果它的靜摩擦係數 $\mu = 2 \tan \alpha$，試求橫向作用於斜面上能推動粒子的最小**水平**力 H_{min}。

b) 一旦開始移動，該粒子的移動方向爲何？

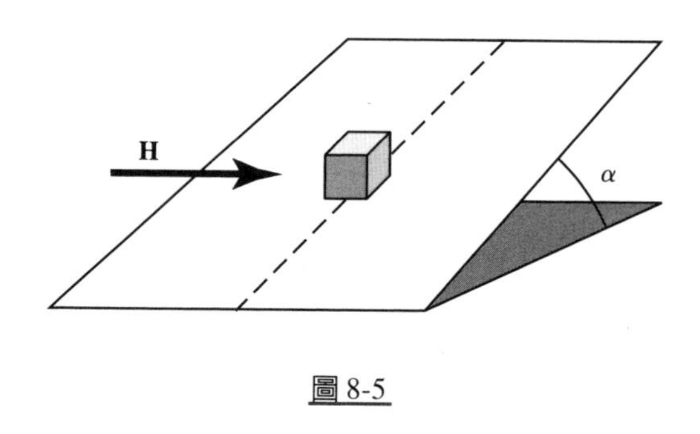

圖 8-5

5-9　位能與場（第 I 卷，第 13 與 14 章）

9-1　★

一質量 m 在移動中撞上了彈性係數爲 k 之彈簧，撞上之後，該質量會在何處首次停止下來？請忽略彈簧質量。

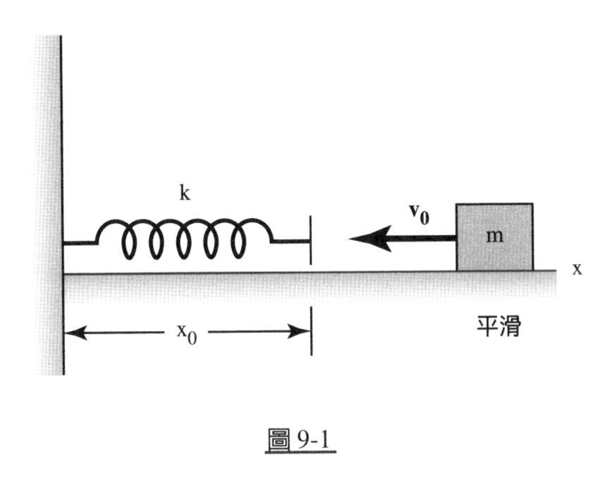

圖 9-1

9-2 ★

有一個中空的球形小行星在太空中自由旅遊，它裡面有一個質量爲 m 的小粒子。請問這個粒子在行星內部的何處才會呈平衡狀態？

9-3 ★

物體要完全逃離地球重力場所需的速度約爲 7.0 英里／秒。假如有一艘太空船，在剛穿出地球大氣層時的速度爲 8.0 英里／秒，那麼當到達離地球 10^6 英里處時，太空船跟地球之間的相對速度爲何？

9-4 ★★

一輛毫無摩擦力的汽車從下坡跑道向下滑行，跑道的最低處接連著一個半徑爲 R 的直立圓形軌道。汽車必須從比軌道的最高點還高出 H 高度的地方開始向下滑行，才不至於掉落到軌道外，並繞完整個圓形軌道，請問 H 爲多少？

9-5 ★★

長度為 L 、每公尺重 M 公斤的柔軟金屬纜線，繞過一個質量、半徑跟摩擦力皆可以忽略不計的滑輪上。開始時纜線呈平衡狀態，然後被人稍稍推了一下，讓它失去平衡，開始加速朝一邊滑動。試問當纜線最後脫離滑輪的那一剎那，移動速度為何？

9-6 ★★

有一個粒子原來靜止不動的位在一個半徑為 R 、表面無摩擦力的圓球頂端，後因重力關係而順著球面下滑。請問粒子在滑下多少高度之後，會飛離球面？

9-7 ★★

有一輛汽車重 1,000 公斤，引擎馬力為 120 千瓦。如果它在時速 60 公里時能發出這樣大的力，那麼在該時速下，車子的最大加速度是多少？

9-8 ★★

1960 年的三鐵世界紀錄分別為：鉛球 19.30 公尺、鐵餅 59.87 公尺、標槍 86.09 公尺，而三樣擲出物的質量分別為：鉛球 7.25 公斤、鐵餅 2 公斤、標槍 0.8 公斤。試比較一下，三位冠軍在創造紀錄那一擲時所做的功有何不同？假設該三鐵在被他們擲出時，離地高度同樣為 1.80 公尺，而出手仰角同為 45°，請忽略空氣阻力。

9-9 ★★★

有一顆質量爲m的衛星，沿一個正圓形軌道繞行一個質量爲M的小行星運行（M >> m）。如果該小行星的質量忽然之間減成一半[2]，這顆衛星會發生什麼事情？請描述它的新軌道。

5-10 單位與尺寸（第I卷，第5章）

10-1 ★

宇宙物理學家老莫和老喬居住在不同的行星上，在一場行星間共同舉辦的度量衡研討會上見了面，而此會議的主題是要討論制訂出可供大家共通使用的單位。老莫很自傲的向各方與會代表介紹，地球上所有文明地區共同使用的MKSA制。接下來老喬也同樣非常自傲的介紹了太陽系中，除了地球之外的所有其他行星上共同使用的所謂M'K'S'A' 制。如果這兩種不同標準基本單位的質量、長度、跟時間之間的轉換常數各爲μ、λ、跟τ，亦即

$$m' = \mu m \text{，} l' = \lambda l \text{，及} t' = \tau t$$

這兩個系統之間，速度、加速度、力、與能量單位之轉換常數應該爲何？

[2] 原注：事情是這樣發生的：這顆衛星被安置在離小行星很遠的地方，用來監視小行星上的核子裝置試爆。試爆的結果把小行星的一半質量驅逐到外太空去，而過程中並沒有直接影響到在遠處的衛星。

10-2 ★★

如果有人製造了一個小型太陽系模型，縮小比率為 k ，製造太陽和各行星模型所用的材料，其密度與太陽以及行星之個別密度相同，請問在此模型中，行星環繞太陽的週期與 k 的關係為何？

5-11 相對論性能量與動量（第 I 卷，第 16 與 17 章）

11-1 ★

a) 以粒子的動能 T 跟靜能量 m_0c^2 來表示它的動量。

b) 當一個粒子的動能等於它的靜能量時，其速度為何？

11-2 ★★

一個 π 介子（$m_\pi = 273\ m_e$）在靜止狀態下衰變成一個緲子（$m_\mu = 207\ m_e$）及一個微中子（$m_\nu = 0$）。試求緲子與微中子各自的動能及動量，請以百萬電子伏特（MeV）做為單位。

11-3 ★★

有一個靜質量為 m 之粒子，以 $v = 4c/5$ 的速度運動，並且非彈性的碰撞另一個靜止的相同粒子。

a) 該複合粒子的速度為何？

b) 它的靜質量為多少？

11-4 ★★

一個靜止不動的質子在吸收了一粒光子（γ）之後，可能創造出一對質子－反質子。

$$\gamma + P \rightarrow P + (P + \bar{P})$$

能促成該反應的光子必須具備的最低能量 E_γ 爲何？（請用質子的靜能量 m_pc^2 來表示 E_γ。）

5-12 二維轉動，中心質量（第I卷，第18與19章）

12-1 ★★

如圖所示，一個密度均勻的圓盤上被挖了一個圓洞，求質心的位置。

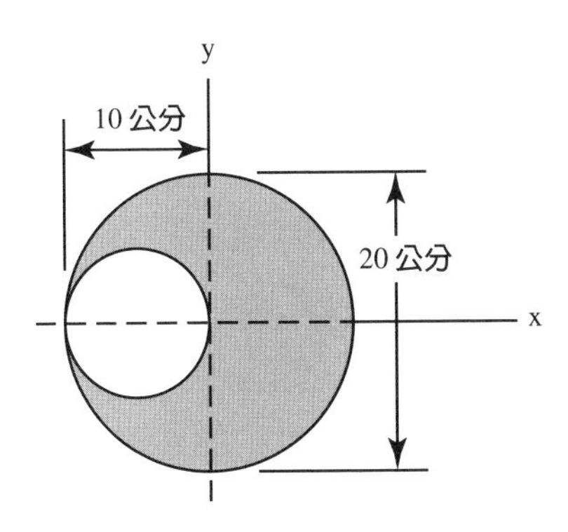

圖 12-1

12-2 ★★

如圖所示，有一個實心圓柱體，其四個等分的密度都不同，而圖中數字表示此四部分之相對密度。請依圖上的 x-y 軸座標系統，寫出一條方程式，來表示連接座標原點跟圓柱體質量中心之直線。

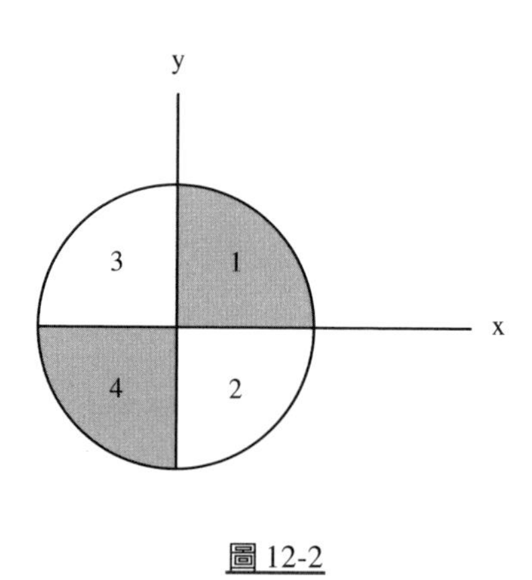

圖 12-2

12-3 ★★

如圖所示，有人從材質均勻的正四方形金屬薄片的一邊，切掉一個等腰三角形。假設我們把剩餘部分從三角形的頂點 P 懸吊起來，如果我們希望它在任意位置皆能夠保持平衡，請問該三角形的高應該是多少？

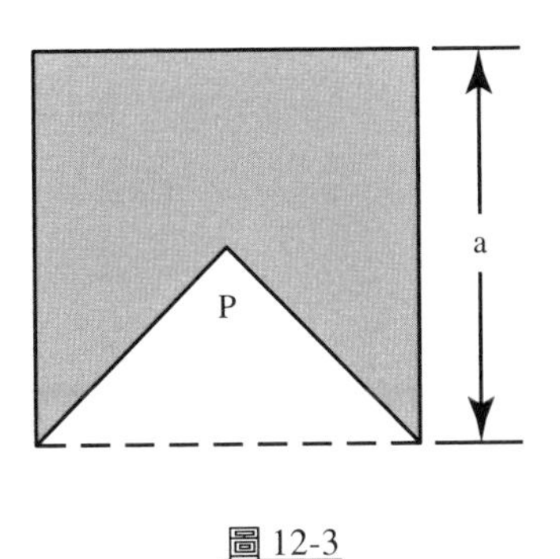

圖 12-3

12-4 ★★

兩個質量 M_1 跟 M_2 分別放置在長度為 L 的堅硬棍子的兩端，棍子的質量可忽略，M_1 和 M_2 的尺寸跟 L 比起來非常小，可忽略不計。我們要使這根攜帶重物的棍子開始繞一根與棍子垂直的軸旋轉。如果要以最小的功讓它以角速度 ω_0 轉動，請問那根軸需要穿過棍子上的什麼位置？

12-5　★★★

有人把一塊長度爲 L 的均質磚頭平放在平滑的水平表面上，在它上面逐塊堆積相同的磚頭，如圖所示，磚頭的側面連接成連續平面，而每一塊磚頭跟下面那塊錯開一定的距離 L/a ，a 是正整數。在此條件之下，請問在坍塌之前，一共可以堆幾塊磚頭？

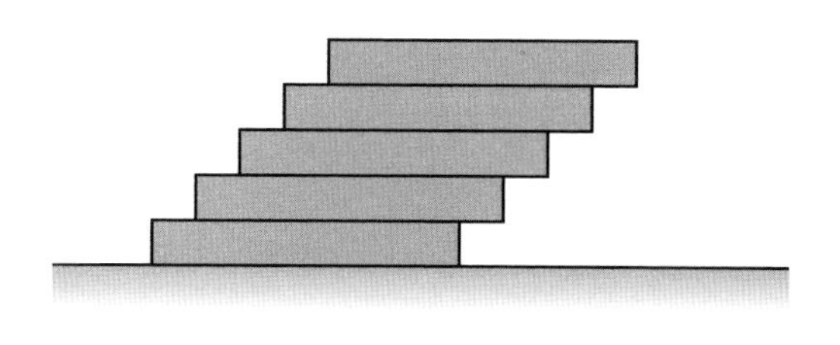

圖 12-5

12-6　★★★

如圖所示，有人設計了一個旋轉開關（rotating governor），它的要求是當直接連接開關的機器轉速到達每分鐘 120 轉（120 rpm）時，開關會自行切斷電源。開關操作環 C 重達 10.0 磅，可以毫無摩擦的在垂直轉軸 AB 上滑動。 C 切斷電源的設計方式是：當 AC 的距離減縮到了 1.41 英尺時，電源就被切斷。假設圖中四邊形框架的每邊長度都是 1.00 英尺，連接它們的各個轉動支點皆無摩擦力，支架本身相對說來也無質量。請問要達到上述設計要求，圖中兩個相同重物的質量 M 應該是多少？

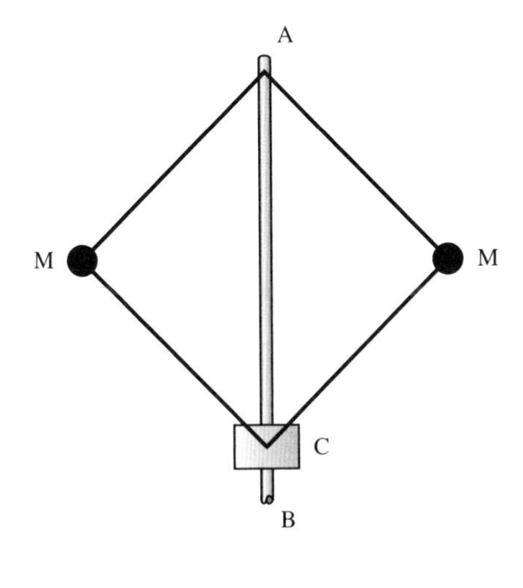

圖 12-6

5-13 角動量，轉動慣量（第I卷，第18與19章）

13-1 ★

有一根長度爲L、質量爲M、材質均勻的筆直金屬線，在中心點A被彎成θ角。有一軸線穿過A點，此軸並垂直於彎曲金屬線所決定之平面，請問金屬線相對於此軸的轉動慣量爲何？

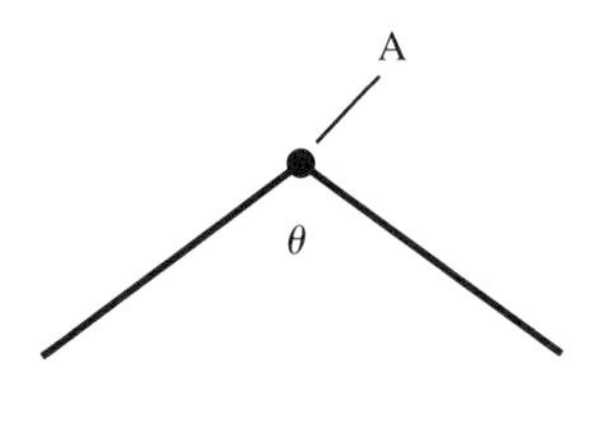

圖 13-1

13-2　★

如圖所示，質量為 m 的重物懸吊在繩索的一端，而繩索繞在一個質量為 M 、半徑為 r 的實心圓柱體上，且圓柱體的軸則是架在摩擦力可忽略的軸承上。求重物的加速度。

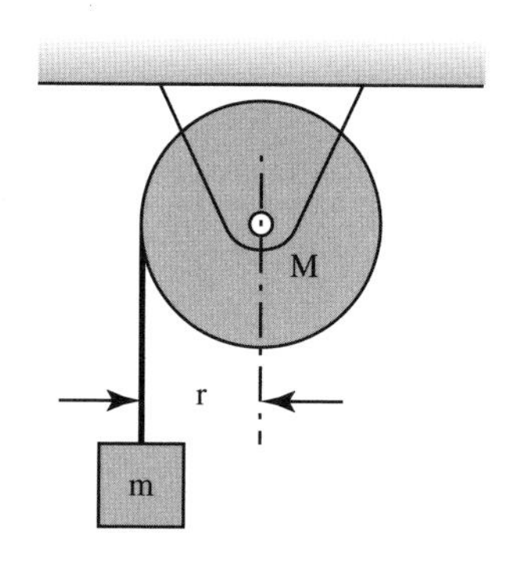

圖 13-2

13-3　★★

一根長度為 L 、質量為 M 的水平細棍子，原先一端架在桌上某個支點上，另一端被綁在從天花板吊下來的一根線上。點火燒斷線的那一剎那，棍子對桌上那個支點所施之力為何？

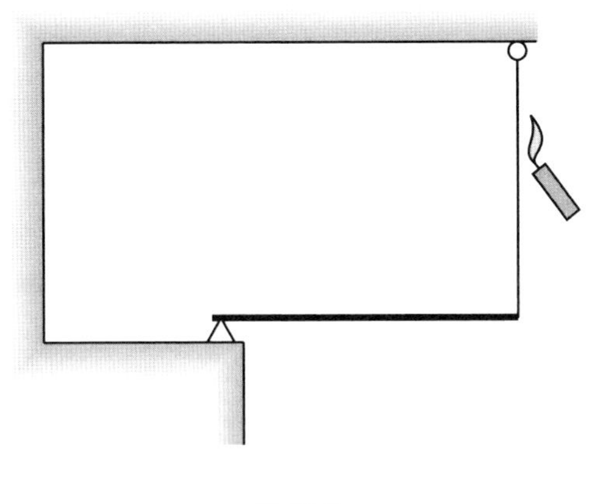

圖 13-3

13-4 ★★

有一件對稱的物體在一個高度爲 h 的斜面頂端，從靜止狀態開始沿著斜面滾動下來（其間完全沒有任何打滑情形）。這件物體繞著其質量中心的轉動慣量爲 I，質量爲 M，而跟斜面接觸的滾動表面的半徑爲 r，請問當這件物體滾到斜面底端時，其質量中心的直線速度爲何？

13-5 ★★

假設有一條長度無止盡的皮帶，跟水平面之間維持固定仰角 θ。有個圓柱體位於皮帶上，圓柱體的轉軸是水平的，且跟皮帶邊緣垂直，在這樣的表面，圓柱體會滾動但不打滑。請問皮帶須以怎樣的速度向上移動，可使圓柱體在釋放後，轉軸仍停留在原處不動？

13-6 ★★

鐵環H的半徑爲r，絕不打滑的滾下斜坡。斜坡的最低處連接一個直立圓形軌道，頂點爲P。請問h至少得有多高，才能使鐵環滾過P點時，仍能與跑道保持接觸？

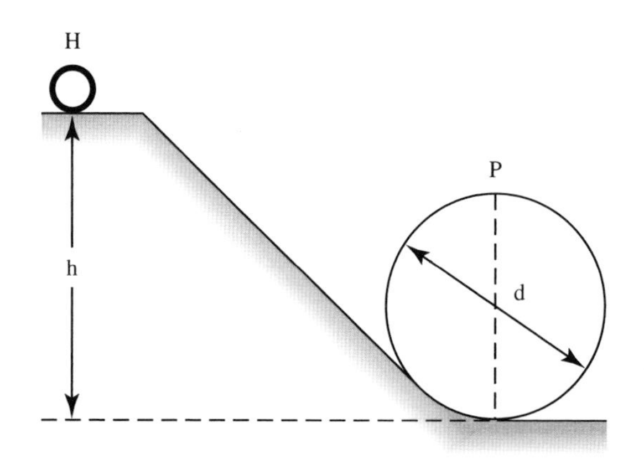

圖 13-6

13-7 ★★★

材質均勻、半徑爲R、質量爲M的保齡球，被丟出在具有摩擦係數爲μ的球道上，最初保齡球完全沒有滾動，而是以速度V_0滑行。請問球要走多遠，才會開始不打滑的滾動？而當時的球速會是多少？

13-8 ★★★

有一個有趣的小把戲是用指頭去壓在水平桌面上的玻璃彈珠。這顆彈珠被擠壓出去後的最初那一剎那，一方面是以直線初速 V_0 在桌面上滑行，同時彈珠本身卻也具有向後旋轉的角速度 ω_0，這個 ω_0 的轉軸是跟 V_0 方向垂直。假設彈珠在桌面上滑行時，兩者之間的摩擦係數是固定的，而彈珠的半徑爲 R。

a) 如果彈珠滑行到了最後會完全停止，請問 V_0 、 R 、跟 ω_0 三者之間，必須維持怎樣的關係？

b) 如果彈珠滑行到停止後，卻開始往原來位置滾回來，最後維持固定的直線速度 $\frac{3}{7}V_0$，請問 V_0 、 R 、跟 ω_0 三者之間，必須維持怎樣的關係？

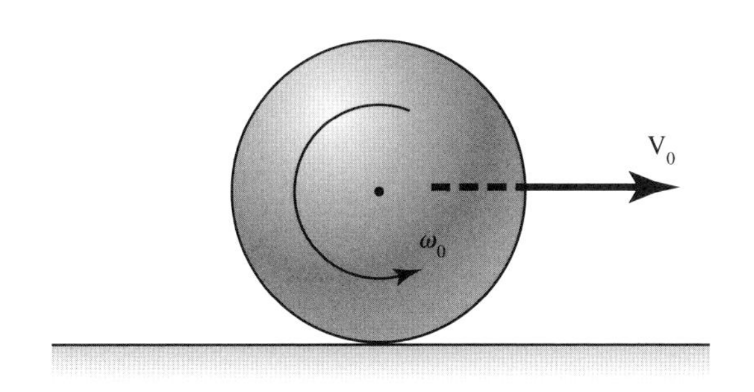

圖 13-8

5-14 三維轉動（第I卷，第20章）

14-1　★

有一架噴射飛機上的所有引擎都是朝同一方向旋轉：如果沿著飛機的前進方向，引擎都是右手螺旋。那麼當飛機在飛行中向左轉時，引擎所發生的陀螺儀效應會使飛機：

a) 右滾

b) 左滾

c) 向右偏離

d) 向左偏離

e) 鼻尖上仰

f) 鼻尖下壓

14-2　★★

兩個質量相同的重物以一根柔軟的線連接，一位實驗者用手抓住其中一個重物，並讓另一重物繞著手中的重物作水平圓周運動，後然後放手。

a) 如果實驗中那根線被扯斷，請問線會在實驗者鬆手之前或之後斷掉？

b) 如果實驗中那根線沒有被扯斷，請描述鬆手之後兩個重物的運動情形。

14-3 ★★

如圖所示，有一個很細的木製圓環，它的質量爲 m 、半徑爲 R ，靜躺在無表面摩擦力的水平面上。這時有顆質量也是 m 的子彈，以水平速度 v 射過來，剛好命中木環並且嵌在其中。請計算質心運動速度、此系統繞其質心的角動量、木環的角速度 ω 、以及撞擊前後系統的動能。

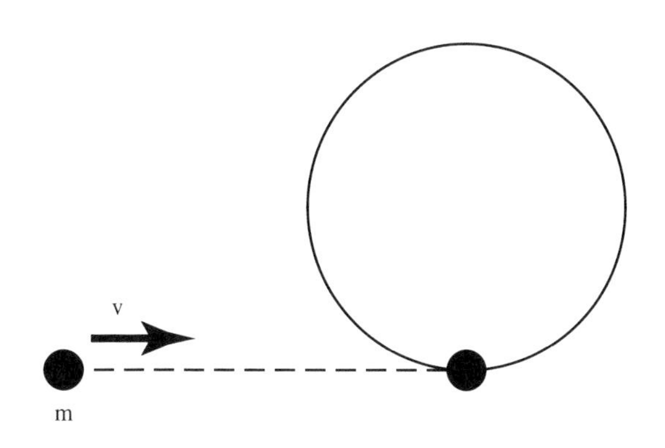

圖 14-3

14-4　★★

有一根質量爲M 、長度爲L的細棍子，立在無表面摩擦力的水平表面上。這時有一小塊質量也是M的油灰，以垂直於棍子的路徑方向及速度V飛了過來，剛好命中棍子的一端，擊中後黏在棍子上。換句話說，發生了一次非常短暫的非彈性撞擊。

a) 試問系統在撞擊前後的質心速度爲何？

b) 請問系統在撞擊發生前的一剎那，繞質心的角動量爲何？

c) 請問在撞擊發生後的一剎那，其（繞質心的）角速度爲何？

d) 在撞擊中，有多少動能損失？

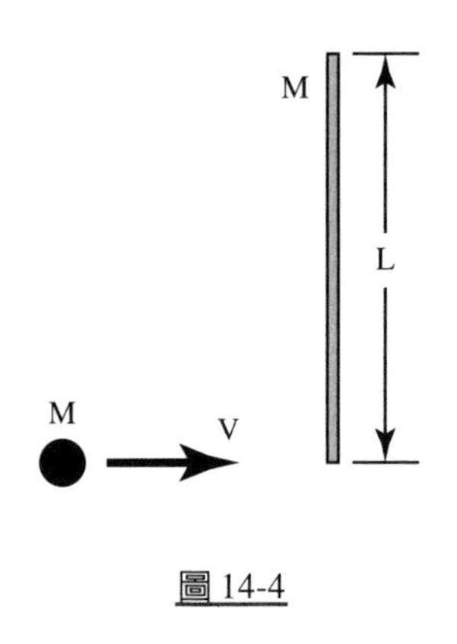

圖 14-4

14-5　★★

質地均勻、質量爲M 、長度爲L的細棍子AB ，它的A端穿過水平方向的固定軸，這根棍子能在垂直豎立的平面上自由轉動。當棍子靜止不動時，有一小塊質量也是M的油灰被人以速度V水平丟了過來，剛好命中棍子的B端，且擊中後黏附在棍子上。請問要使得棍子能繞A軸**轉完整個圈子**，撞擊前油灰最低速度必須爲何？

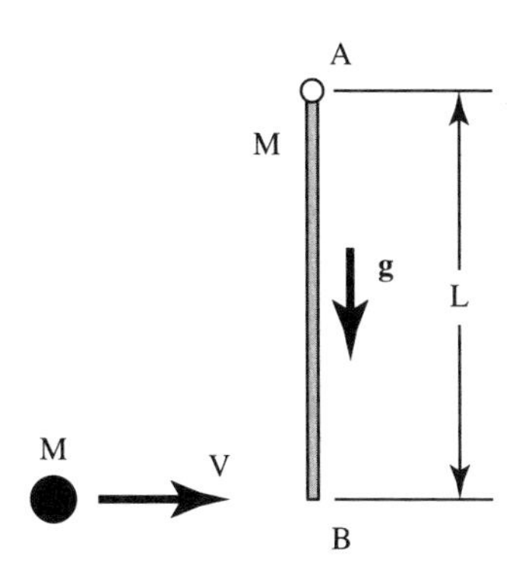

圖 14-5

14-6 ★★

有一個起先靜止的轉盤 T_1，其上安裝著另一轉盤 T_2，T_2 以角速度 ω 旋轉。在某個時刻有個內部離合器對 T_2 的軸起了煞車作用，使得 T_2 對 T_1 的轉動停了下來。但 T_1 可以自由旋轉，T_1 的質量爲 M_1，對穿過轉盤中心、垂直於盤面的轉軸 A_1 有轉動慣量 I_1。T_2 的質量爲 M_2，轉動慣量爲 I_2、有類似的轉軸 A_2。A_1 跟 A_2 之間的距離爲 r。請問 T_2 停止之後，T_1 的 Ω 會是多少？（Ω 爲 T_1 的角速度。）

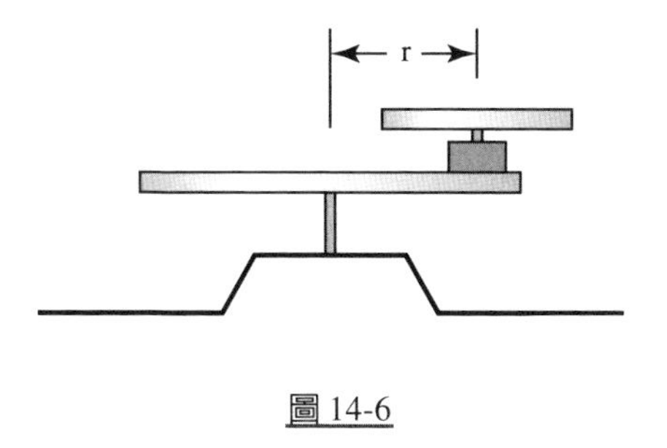

圖 14-6

14-7　★★★

在一根垂直豎立在地上、質量爲 M 、長度爲 L 的棍子的底端，有人給了它一個 J 的衝量，方向是斜上仰角 45°，結果讓棍子飛了出去。如果希望棍子落地時依然爲上下垂直（且被推的同一端仍然朝下），請問 J 值應當爲何？

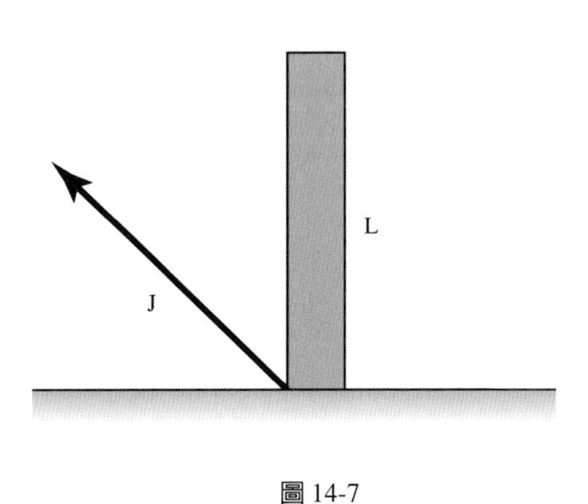

圖 14-7

14-8　★★★

有一個轉動慣量爲 I_0 的轉盤，繞著中空的垂直軸自由轉動，轉盤上有一條直的徑向軌道，上有一輛小車，質量爲 m ，可以毫無摩擦的在軌道上移動，小車頭上繫著一根繩索，越過了一個很小的滑輪，向下穿過中空的垂直軸。最初整個系統以角速度 ω_0 旋轉，而小車被固定在離開轉軸距離爲 R 的地點，然後用更大的力拉那根繩索，最後把小車向轉盤中心拉到半徑爲 r 的地點爲止。

a) 請問系統的新角速度爲何？

b) 詳細證明系統前後兩個情況下的能量差，等於向心力所做的功。

c) 如果拉住那根繩索的手突然鬆開，試問小車在駛過半徑爲 R 的地點時的徑向速度 dr/dt 爲何？

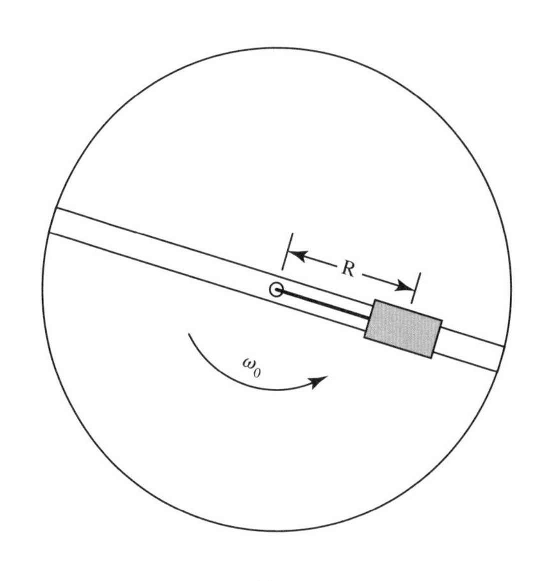

圖 14-8

14-9 ★★★

有一個飛輪，外形爲各處材質均勻的正圓形薄板，總質量爲 10.0 公斤，半徑爲 1.00 公尺。把它安裝在一個轉軸上面，轉軸通過飛輪的質心，卻跟它的薄板平面夾一角度，此角度爲 1°0'。如果讓它以每秒 25.0 弧度的角速度繞著此軸轉動，那麼支持它的軸承必須提供多大的力矩？

習題答案

1-1 $F_P = \frac{1}{\cos\alpha}$ 公斤重

$F_W = \tan\alpha$ 公斤重

1-2 $A = \left(\frac{1}{2} + \frac{\sqrt{3}}{2}\right)$ 公斤重

$B = \sqrt{\frac{3}{2}}$ 公斤重

1-3 $F = W\frac{\sqrt{h(2R - h)}}{R - h}$

1-4 a) $a = -\frac{1}{2}\left(1 - \frac{1}{\sqrt{2}}\right)g$

b) $M_2, t_1 = \sqrt{\frac{2H}{g\left(1 - \frac{1}{\sqrt{2}}\right)}}$

c) 不會

1-5 $\theta = 30°$

1-6 2 噸重

1-7 $\theta = 30°$

1-8 $W = \frac{4w}{\sin\theta}$

1-9 $v = \sqrt{2gH}$

2-1 1.033

2-2 a) $\lambda = 0$

b) $r_s = \frac{1}{9} r_{em}$

3-1 a) $t = 1843.8$ 秒

b) $v \approx 1385$ 英尺／秒

3-2 ≈ 155 秒

3-3 下落

3-4 $e \approx 0.98$

3-5 14.8 公尺／秒

3-6 a) 52.5 英里／小時

b) 2.75 英尺／秒^2

3-7 $a_{\text{噴射動力}} = \frac{8}{9} a_{\text{火箭動力}}$

4-1 $T = 25$ 牛頓

4-2 $F = \frac{M_2}{M_1}(M + M_1 + M_2)g$

4-3 $g = \frac{v^2(2M + m)}{2mh}$

4-4 a) $a_{\text{向上}} = g/3$
b) 280 磅

4-5 $m_B \approx 5.8$ 公斤

5-1 $m_2/m_1 = 3$

5-2 a) 會
b) 朝北
c) $V = 5 \times 10^{-4}$ 公尺／秒

5-3 $F = \mu v(v + gt)$

5-4 $V = x\dfrac{m + M}{m}\sqrt{\dfrac{g}{L}}$

5-5 $\Delta v \approx v\dfrac{f}{4}$

5-6 $F_{\text{摩擦}} = 5.1 \times 10^{-3}$ 牛頓
$F_{\text{摩擦}} \propto -v^2$

6-1 方法 (2)，快了 4 分鐘

6-2 $\dfrac{t_V}{t_A} = \dfrac{V}{\sqrt{V^2 - R^2}}$
$\dfrac{t_A}{t_L} = \dfrac{t_V}{t_A}$

6-3 $T = 2\pi\sqrt{\dfrac{H}{g}}$

6-4 a) 朝北
b) 0.17 小時

7-1 $\theta_{最大} = \sin^{-1}\dfrac{m}{M}$

7-2 $\left.\dfrac{\Delta T}{T}\right|_{實驗室} = \dfrac{(1-\alpha^2)m_2}{m_1+m_2}$

7-3 $\dfrac{M}{m_P} = 9$

8-1 $a = -\dfrac{g}{8}$

8-2 $v_0 = 595$ 公尺／秒

8-3 51.8 英里／小時

8-4 加速
$a = \dfrac{g}{\sqrt{3}}$ 公尺／秒^2

8-5 a) $\sqrt{3}W\sin\alpha$
b) $\phi = 60°$

9-1 $x_0 - x = x_0 - v_0\sqrt{\dfrac{m}{k}}$

9-2 任何地點

9-3 $v_\infty \approx 3.9$ 英里／秒

9-4 $H = \frac{1}{2}R$

9-5 $v = \sqrt{\frac{gL}{2}}$

9-6 $\frac{R}{3}$

9-7 7.2 公尺／秒^2

9-8 ≈ 625 焦耳
≈ 570 焦耳
≈ 330 焦耳

9-9 衛星會依循拋物線軌道脫離

10-1 $v' = \frac{\lambda}{\tau}v$

$a' = \frac{\lambda}{\tau^2}a$

$F' = \frac{\mu\lambda}{\tau^2}F$

$E' = \frac{\mu\lambda^2}{\tau^2}E$

10-2 週期與 k 無關

11-1 a) $pc = T\left(1 + \frac{2mc^2}{T}\right)^{1/2}$

b) $\frac{v}{c} = \frac{\sqrt{3}}{2}$

11-2 $T_\mu = 4.1$ MeV

$T_\nu = 29.7$ MeV

$p_\mu = p_\nu = 29.7$ MeV/c

11-3 a) c/2

b) $\frac{4}{\sqrt{3}}m$

11-4 $E_\gamma = 4m_pc^2$ (3.8 GeV)

12-1 $x = 1.7$ 公分

12-2 $y = \frac{1}{2}x$

12-3 $h = \frac{a}{2}(3 - \sqrt{3})$

12-4 $x = \frac{M_1L}{M_1 + M_2}$ (距離 M_2)

12-5 $n = a$

12-6 $M = 4.0$ 磅

13-1 $I = \frac{mL^2}{12}$

13-2 $a = \frac{mg}{m + \frac{M}{2}}$

13-3 $F = \frac{Mg}{4}$

13-4 $V_0 = r\sqrt{\frac{2Mgh}{I + Mr^2}}$

13-5 $a = 2g \sin\theta$

13-6 $h = \frac{3d}{2} - 3r$

13-7 $D = \frac{12V_0^2}{49\mu g}$

$V = \frac{5}{7}V_0$

13-8 a) $V_0 = \frac{2}{5}R\omega_0$

b) $V_0 = \frac{1}{4}R\omega_0$

14-1 (e)

14-2 a) 之前

b) $V_{質心} = \frac{\ell}{2}\omega_0 \quad \omega = \omega_0$

（其中 ℓ 爲線長）

14-3 $V_{質心} = \frac{v}{2}$

$L = \frac{mvR}{2}$

$\omega = \frac{v}{3R}$

$K.E.\Big|_1 = \frac{mv^2}{2}$

$K.E.\Big|_2 = \frac{mv^2}{3}$

14-4 a) $\frac{v}{2}$

b) $Mv\frac{L}{4}$

c) $\frac{6}{5}\frac{v}{L}$

d) 20%

14-5 $V = \sqrt{8gL}$

14-6 $\Omega = \frac{I_2}{I_1 + I_2 + M_2 r^2}\omega$

14-7 $J = M\sqrt{\frac{\pi gLn}{3}}$ （n = 整數 ）

14-8 a) $\omega = \frac{I_0 + mR^2}{I_0 + mr^2}\omega_0$

b)（略）

c) $v = \omega_0\sqrt{\frac{I_0 + mR^2}{I_0 + mr^2}(R^2 - r^2)}$

14-9 T ~ 27 牛頓・公尺

圖片來源

圖 2-3：Jean Ashton Rare Book and Manuscript Library, Butler Library, Sixth Floor Columbia University, 535 West 114th Street, New York, NY10027

圖 3-13：Physics Department, University of Bristol

圖 4-9：California Institute of Technology

中英、英中對照索引

七畫

八畫

九畫

十畫

十一畫

十三畫

十四畫

十五畫

十六畫

十七畫以上

A

B

C

D

E

F

G

S

T

V

W

費曼物理學講義 目錄

《費曼物理學講義》I：力學、輻射與熱

第1冊 基本觀念

第2冊 力學

第3冊 旋轉與振盪

第4冊　光學與輻射

第5冊　熱與統計力學

第6冊　波

《費曼物理學講義》II：電磁與物質

第1冊　靜電與高斯定律

第2冊　介電質、磁與感應定律

第3冊　馬克士威方程

第4冊　電磁場能量動量、折射與反射

第5冊　磁性、彈性與流體

《費曼物理學講義》III：量子力學

第1冊　量子行為

第2冊　量子力學應用

第3冊　薛丁格方程式

The Feynman

閱讀天下文化，傳播進步觀念。

- **書店通路**——歡迎至各大書店·網路書店選購天下文化叢書。

- **團體訂購**——企業機關、學校團體訂購書籍，另享優惠或特製版本服務。
  請洽讀者服務專線 02-2662-0012 或 02-2517-3688 * 904 由專人為您服務。

- **天下文化官網**
  天下文化官網，提供最新出版書籍介紹、作者訪談、講堂活動、書摘簡報及精彩影音剪輯等，最即時、最完整的書籍資訊服務。

  bookzone.cwgv.com.tw

- **專屬書店**——「93巷·人文空間」
  文人匯聚的新地標，在商業大樓林立中，獨樹一格空間，提供閱讀、餐飲、課程講座、場地出租等服務。
  地址：台北市松江路93巷2號1樓　電話：02-2509-5085

  cafe.bookzone.com.tw

知識的世界 1230

費曼物理學訣竅
費曼物理學講義解題附錄【增訂版】

Feynman's Tips on Physics
A Problem-Solving Supplement to The Feynman Lectures on Physics
Reflections • Advice • Insights • Practice

原著 — 費曼（Richard P. Feynman）、高利伯（Michael A. Gottlieb）、雷頓（Ralph Leighton）
譯者 — 師明睿、高涌泉
審訂者 — 高涌泉
顧問群 — 林和、牟中原、李國偉、周成功

總編輯 — 吳佩穎
編輯顧問 — 林榮崧
責任編輯 — 徐仕美、林文珠；林榮崧
特約校對 — 楊樹基
封面暨版型設計 — 江儀玲

出版者 — 遠見天下文化出版股份有限公司
創辦人 — 高希均、王力行
遠見・天下文化 事業群榮譽董事長 — 高希均
遠見・天下文化 事業群董事長 — 王力行
天下文化社長 — 林天來
國際事務開發部兼版權中心總監 — 潘欣
法律顧問 — 理律法律事務所陳長文律師
著作權顧問 — 魏啟翔律師
社址 — 台北市 104 松江路 93 巷 1 號 2 樓

讀者服務專線 —（02）2662-0012 ｜ 傳真 —（02）2662-0007；2662-0009
電子信箱 — cwpc@cwgv.com.tw
直接郵撥帳號 — 1326703-6 號　遠見天下文化出版股份有限公司

排版廠 — 極翔電腦排版有限公司
製版廠 — 東豪印刷事業有限公司
印刷廠 — 中原造像股份有限公司
裝訂廠 — 中原造像股份有限公司
登記證 — 局版台業字第 2517 號
總經銷 — 大和書報圖書股份有限公司 電話 —（02）8990-2588
出版日期 — 2007 年 09 月 28 日第一版第 1 次印行
2023 年 11 月 10 日第四版第 5 次印行

國家圖書館出版品預行編目(CIP)資料

費曼物理學訣竅：費曼物理學講義解題附錄 / 費曼(Richard P. Feynman), 高利伯(Michael A. Gottlieb), 雷頓(Ralph Leighton)原著；師明睿, 高涌泉譯. -- 第三版. -- 臺北市：遠見天下文化, 2016.09
面； 公分. -- (知識的世界；1215A)
譯自：Feynman's tips on physics : a problem-solving supplement to the Feynman lectures on physics
ISBN 978-986-320-275-2 (精裝)

1. 物理學

330　102016932

定價 — 400 元
書號 — BBW1230
4713510946763
天下文化官網 — bookzone.cwgv.com.tw